AF311175

INONDATIONS

par MM.

SIMMEL

élève de l'École impériale forestière, membre des Commissions
de cantonnement de l'ancien comté de Dabo ;

J. B. CANTEGRIL

élève de l'École impériale forestière, chargé des études de reboisement
dans la conservation de Toulouse ;

L. BELLAUD

élève de l'École impériale forestière, professeur de sylviculture
à l'École impériale d'Agriculture de Grignon ;

SUIVIES

DU RAPPORT DE S. E. M. LE MARÉCHAL VAILLANT

À L'ACADÉMIE DES SCIENCES

Prix : 2 fr. 50

PARIS

BUREAU DES ANNALES FORESTIÈRES
Rue de la Chaussée-d'Antin, 21

NANCY

LIBRAIRE-ÉDITEUR | MAUBON, LIBRAIRE-ÉDITEUR
Voltaire | Trottoirs Stanislas

1862

ÉTUDES EXPÉRIMENTALES

SUR

LES INONDATIONS

Saint-Nicolas (Meurthe), imp. de P. Trenel.

ÉTUDES EXPÉRIMENTALES

SUR

LES INONDATIONS

PAR MM.

F. JEANDEL, J.-B. CANTÉGRIL et L. BELLAUD

Anciens élèves de l'École Impériale forestière

SUIVIES

DU RAPPORT DE S. E. M. LE MARÉCHAL VAILLANT

A L'ACADÉMIE DES SCIENCES

PARIS

AU BUREAU DES ANNALES FORESTIÈRES

Rue de la Chaussée-d'Antin, 21

NANCY

GROSJEAN, Libraire-Éditeur | MAUBON, Libraire-Éditeur
Place Stanislas. | Trottoirs Stanislas.

1862
1861

A Monsieur PARADE

Directeur de l'École Impériale forestière , Officier de la Légion-d'Honneur.

MONSIEUR ET CHER DIRECTEUR,

Nous vous prions de vouloir bien agréer l'hommage de nos recherches sur les Inondations. Cette démarche de notre part est une faible preuve de notre profonde reconnaissance.

Les bases de nos Études expérimentales reposent sur des considérations très-simples : plusieurs de ces considérations, notamment celles qui se rapportent à la prolongation des écoulements, sont loin d'être sans analogie avec les spéculations premières relatées dans la lettre Impériale de 1856. Dans l'origine, nos observations devaient être plus étendues : le régime de plusieurs bassins voisins de celui de la Zorn devait être étudié simultanément par d'autres collaborateurs ; mais des obstacles matériels n'ont point permis d'effectuer ces opérations.

Les études de cette nature ne sauraient atteindre une rigueur absolue, et notre travail ne présente point, par lui-même, une précision suffisamment complète ; toutefois, nous osons espérer que toute recherche nouvelle, entièrement guidée sur les indications développées avec tant de clarté dans le Rapport de S. E. M. le Maréchal Vaillant, ne fournira point des résultats très-éloignés des conclusions auxquelles nous sommes parvenus.

Veuillez agréer,

Monsieur et cher Directeur,

l'expression du dévouement sincère et du profond respect de vos anciens élèves.

F. JEANDEL. J.-B. CANTÉGRIL. L. BELLAUD.

29 Octobre 1860.

INTRODUCTION

Il importe de préciser la question dont nous cherchons la solution, et de la dégager de toutes les complications inopportunes qui pourraient voiler le but à atteindre. La cause des inondations réside tout entière dans le volume des eaux qui s'écoulent immédiatement à la surface du sol ; celles qui s'infiltrent préalablement dans la terre et qui subissent, par suite de cette circonstance, un long retard dans leur écoulement, répandent au loin une action bienfaisante dont nous n'avons pas actuellement à nous occuper.

Dès que la masse des eaux qui s'écoulent immédiatement à la surface du sol croît au-delà de certaines limites, son action devient nuisible.

Diminuer et prolonger l'écoulement à la surface avant l'arrivée des eaux dans les ruisseaux et rivières, prolonger et maîtriser ensuite l'écoulement dans les ruisseaux et rivières, tel est le problème général à résoudre.

Parmi les circonstances qui influent sur le volume et la vitesse des eaux qui prennent leur mouvement immédiat à la surface du sol, l'une des plus importantes est soumise directement à l'action humaine considérée dans ses limites rationnellement abordables.

Nous voulons parler de l'état superficiel du terrain, ou plutôt du genre de végétation qui le recouvre.

Si la nature de cette influence a été diversement appréciée, on n'en a jamais nié l'existence.

Il s'agit donc d'apprécier, d'une manière certaine, la nature de cette influence; tant que l'expérience directe n'aura point résolu la question, les mesures prises ne sauraient avoir une valeur incontestable.

Quant aux moyens de retarder et de maîtriser le cours des eaux déjà parvenues dans les voies d'écoulement, nous ne nous en occuperons point : cette étude rentre, du reste, dans les attributions de la savante Administration chargée du service hydraulique.

Nota. Les expériences, dont suit la relation, ont été effectuées comme travail accessoire et à nos frais personnels. — Les relevés du déversoir de Kleinmuhl ont été faits par le meunier, sous la surveillance du brigadier Duchaîne et le contrôle des auteurs du présent travail. Ceux des pluviomètres du Jægerhoff, de la Hirtztel et du Hengst, par les gardes résidant à ces postes, sous la même surveillance; ceux des déversoirs de l'usine Chrétien par le meunier, sous la surveillance du brigadier Mory, enfin, ceux du pluviomètre de Walscheid par le brigadier Mory. Le brigadier Duchaîne, chargé de la tâche principale, y a mis du soin et de la bonne volonté.

ÉTUDES EXPÉRIMENTALES

INONDATIONS

CHAPITRE PREMIER.

DE LA MÉTHODE EXPÉRIMENTALE.

ARTICLE PREMIER.

EXPOSÉ DE LA MÉTHODE.

Une masse d'eau considérable vient à tomber sur le sol :
dans son écoulement, cette masse liquide produit inévitablement un certain danger qui varie :

1° Avec la quantité d'eau absorbée par le sol et, en outre,
par l'évaporation qui se manifeste toujours à la fin de la
pluie (1) ;

2° Avec le temps pendant lequel se prolonge l'écoulement
de la partie non absorbée.

On comprend facilement qu'un terrain couvert d'une cer-

---

(1) L'évaporation enlève notamment toute la quantité d'eau nécessaire pour
mouiller complétement les arbres et leur feuillage ; cette quantité, souvent très-
considérable, est enlevée en toute saison dans les forêts peuplées d'essences à
feuilles persistantes.

taine végétation produit une absorption plus ou moins considérable et arrête plus ou moins longtemps le volume d'eau qu'il laisse écouler à sa surface. L'influence d'un tel sol a donc pour effet de diminuer le danger, mais elle en laisse subsister une partie dont l'importance varie, et que nous désignerons par action inondante du sol considéré.

Il s'agit d'établir les rapports qui relient l'action inondante avec l'absorption du liquide et la durée de l'écoulement superficiel.

1° Absorption de l'eau par l'évaporation et par le sol.

Si l'on mesure, d'une part, un volume d'eau tombant sur un terrain déterminé, si l'on mesure, d'autre part, la quantité du liquide qui parvient à se rendre immédiatement dans les voies d'écoulement, le rapport de cette dernière quantité à la première forme ce que l'on appelle le coefficient d'écoulement à la surface du sol considéré, pour la pluie déterminée.

L'action inondante d'un terrain quelconque (c'est-à-dire, le danger qu'il laisse subsister) est évidemment proportionnelle au coefficient d'écoulement à la surface.

2° Durée de l'écoulement superficiel.

En prolongeant la durée de l'écoulement superficiel, l'influence du sol diminue le danger. Cette conséquence est certaine, mais elle est très-vague; pour arriver à l'étudier avec une précision suffisante, examinons ce qui se passe dans l'écoulement superficiel qui accompagne une pluie d'importance notable : l'élévation sensible du niveau de la voie d'écoulement met toujours un certain temps à se produire, l'étiage augmente ensuite d'une manière relativement rapide et parvient à un maximum où il reste quelque temps stationnaire; il décroît ensuite plus ou moins vite et s'arrête à peu près complétement à une hauteur généralement supérieure à celle qu'il présentait avant la pluie. Ce mouvement de retour, relativement rapide, est suivi d'un abaissement de niveau progressivement ralenti ; si le beau temps continue, cet abaissement finit par devenir presque insensible.

Il est clair que la période qui se développe entre le moment de l'augmentation sensible de l'étiage et celui du terme de l'abaissement rapide, constitue exclusivement la période intéressante au point de vue des inondations.

Si l'on ne considère l'écoulement superficiel que durant cette période, et que l'on suppose (ce qui n'est admissible qu'en restreignant la période d'écoulement, comme nous venons de le dire) que cet écoulement conserve constamment son intensité moyenne, on reconnaît que le danger diminue, pour une même masse d'eau à écouler, en raison inverse de la durée de cette période. — Convenons de désigner « par temps de l'écoulement » la durée de cette même période. Si l'on prend le temps fixe de la pluie (1) considérée pour terme de comparaison, on peut dire que le danger varie en raison directe du rapport du temps de la pluie au temps de l'écoulement. Ainsi, le danger qui représente l'action inondante d'un terrain donné, varie proportionnellement au rapport du volume de l'écoulement superficiel à celui de la pluie, et proportionnellement au rapport du temps de la pluie au temps de l'écoulement superficiel.

Si l'on suppose deux terrains identiques, exposés à une même pluie et présentant des végétations différentes, les actions inondantes de ces terrains sont entre elles comme les

---

(1) La durée du temps de l'écoulement ne peut être inférieure à celle de la pluie.

Cette règle souffre des exceptions :

1° Dans le cas de pluies insignifiantes ;

2° Dans le cas de pluies survenant pendant l'écoulement superficiel des eaux fournies par des pluies antérieures et abondantes ; dans cette circonstance, le seul effet produit peut être la prolongation du mouvement de retour de l'étiage.

produits des coefficients d'écoulement superficiel multipliés respectivement par les rapports du temps de la pluie au temps de l'écoulement.

En désignant par K un coefficient numérique et fixe, la valeur de l'action inondante C prend la forme :

$$C = K \times \frac{V'}{V} \times \frac{T}{T'}.$$

V' étant le volume de l'écoulement, V celui de la pluie, T' le temps de l'écoulement, T celui de la pluie.

Si l'on conçoit un terrain qui laisse écouler à la surface tout le volume liquide provenant de la pluie, dans un temps égal à celui de la pluie elle-même (1), la relation ci-dessus devient C = K. Convenons de prendre cette valeur de C pour unité, cette même relation devient $C = \frac{V'}{V} \times \frac{T}{T'}$; en adoptant cette unité, on reconnaît que, pour une pluie déterminée, l'action inondante d'un sol quelconque a pour mesure le coefficient d'écoulement superficiel multiplié par le rapport du temps de la pluie au temps de l'écoulement.

Pour des pluies différentes, un même terrain, tout en conservant la même végétation, peut fournir une série de valeurs pour le coefficient d'action inondante. Dans le but d'obtenir un coefficient général qui représente la valeur moyenne de cette action, nous comparerons la quantité totale de l'eau immédiatement écoulée à celle de l'eau tombée, et nous multiplierons ce rapport par le rapport de la durée totale des pluies à la durée totale des écoulements.

Comme les inondations ne se produisent qu'au moment des grandes pluies, il y aura lieu d'éliminer les expériences qui se rapportent à des pluies peu importantes.

---

(1) C'est à peu près ce qui se passe au moment des grandes pluies sur une surface imperméable et suffisamment inclinée, telle que les toits, trottoirs, etc.

La méthode nous conduit donc à mesurer le volume et la durée des pluies et des écoulements pour différents états de végétation, les autres circonstances restant les mêmes.

La mesure de l'eau tombée s'effectuera à l'aide d'observations pluviométriques suffisamment nombreuses et convenablement réparties; le produit de l'épaisseur moyenne de la couche liquide par la projection horizontale du bassin étudié sera l'expression du nombre cherché.

La mesure de la quantité d'eau écoulée immédiatement à la surface du sol sera observée à l'aide d'un ou plusieurs déversoirs établis dans la partie inférieure du bassin : le chiffre cherché sera représenté par l'augmentation du volume d'eau passé au déversoir durant la période que nous avons appelée « temps de l'écoulement superficiel. » Les observateurs s'attacheront à tenir note exacte de l'heure du commencement et de celle de la fin de la pluie ; ils se procureront les mêmes données avec le plus de soin possible, au sujet du « temps de l'écoulement (1). »

ARTICLE 2.

DIFFICULTÉS D'APPLICATION PRATIQUE.

La recherche des terrains de comparaison n'est point facile dans la pratique. Il est rare, en effet, de trouver deux bassins qui présentent l'homogénéité dans toutes les circonstances (la seule variable, étant l'état de la végétation) qui sont capables d'influer sur l'absorption et sur l'écoulement des eaux. Sans doute, cette difficulté constitue un inconvénient considé-

---

(1) Il est à remarquer que la distance à parcourir par la masse des eaux dans la voie d'écoulement et en amont du déversoir est à peu près sans influence sur la durée du temps de l'écoulement ; en effet, si l'augmentation sensible de l'étiage se trouve retardée par le délai nécessaire au parcours précité, sa durée se trouve prolongée d'un délai sensiblement égal.

rable, mais elle ne constitue point une imposibilité radicale.

Pour comprendre cette assertion, il faut se reporter à l'essence même de la question et à l'examen des limites de précision qui rentrent dans la nature d'une solution pratique.

Nous ne cherchons point ici la mesure de différences insignifiantes ; nous voulons étudier le régime des eaux dans les sols boisés et dans les sols déboisés.

Si l'influence des forêts n'exerçait point sur le régime des eaux une action capable de dominer toutes les influences secondaires de la végétation, la question débattue perdrait la majeure partie de son importance.

L'établissement de cette latitude, comportée par la nature de la question, modifie singulièrement le caractère de la difficulté expérimentale que nous avons signalée précédemment. En concentrant ainsi le problème, on aperçoit la possibilité de trouver des termes de comparaison.

Sans doute l'homogénéité sera toujours une condition très-favorable pour arriver à de bons résultats ; néanmoins on pourra souvent se contenter d'une homogénéité relative.

On pourra s'en contenter lorsque les circonstances permettront, par exemple, de raisonner à fortiori. Supposons que l'on choisisse, comme champ d'expériences, un bassin couvert de forêts et présentant un système de déclivités rapides ; supposons que dans le pays voisin, il existe un autre bassin formé par le même terrain, présentant des pentes sensiblement moins fortes et comprenant une surface dont une grande partie se trouve déboisée, on peut souvent établir entre ces deux bassins une comparaison suffisante. En effet, si le coefficient général d'action inondante du second bassin est reconnu supérieur à celui du premier, il le serait à fortiori si la totalité de la surface du second bassin était déboisée. On pourrait même pousser plus loin l'investigation expérimentale : après avoir déterminé, dans le second bassin, la surface de la partie boisée, on appliquerait à cette surface le coefficient d'action inondante du premier bassin, on déterminerait ensuite, par différence, une limite minima du coefficient d'action inondante de la partie déboisée.

Si la majeure partie du second bassin était déboisée et que, malgré cette circonstance, le coefficient général d'action inondante trouvé pour l'ensemble de ce bassin fût inférieur à celui du premier, ce résultat tendrait tout au moins à prouver que le boisement ne présente contre les inondations qu'une ressource inférieure ; ce serait encore une solution.

Outre les difficultés d'application précitées, il en existe d'autres purement accidentelles ; l'action de l'expérimentateur peut être entravée par des inconvénients résultant d'un défaut d'appropriation, tantôt ce sont les exigences du flottage, tantôt celles du roulement des usines, tantôt celles de l'irrigation des prairies, autant d'obstacles qui s'opposent à la construction ou à la marche convenable des déversoirs.

Il est impossible d'indiquer un mode général d'atténuer des inconvénients semblables ; les moyens à employer varieront nécessairement avec les accidents eux-mêmes. Autant qu'il nous est permis d'en juger, on arrivera souvent à écarter ou à diminuer des obstacles décourageants au premier abord ; nous ne doutons nullement qu'avec l'appui bienveillant de l'Administration supérieure, on ne parvienne à effectuer sans encombres toutes les expériences désirables.

CHAPITRE II.

EXPÉRIENCES DANS LE BASSIN BOISÉ.

ARTICLE 1er.

Le terrain compris dans le bassin boisé fait partie de la grande forêt domaniale de Dabo. Cette forêt appartenait autrefois aux princes de Linange qui relevaient d'abord de l'empire germanique, mais qui reconnurent la suzeraineté des rois de France après le traité de Westphalie. Mise sous le séquestre, en 1793, elle fut acquise à l'Etat par suite des stipulations du traité de Lunéville (1801); à partir de 1804, elle passa entre les mains de l'Administration française.

Le bassin précité est situé sur le territoire des communes de Walscheid et de Dabo, arrondissement de Sarrebourg, département de la Meurthe, sur le versant occidental de la chaîne des Vosges. Il est desservi par deux bras de la rivière de Zorn. Ces deux bras principaux, qui reçoivent dans leur parcours plusieurs ruisseaux de moindre importance, prennent leur source : l'un, au canton Grossthall, sur le flanc de la montagne du Grossmann dont l'altitude est de 900^m au-dessus du niveau de la mer ; l'autre, au canton Hengstkopff dont l'altitude maxima est de 889^m. Leur direction générale est celle du sud-est au nord-ouest ; ils se réunissent à la partie moyenne de la montagne, au lieudit Pointe-d'O-berzorn, après un parcours d'environ 15 kilomètres. C'est à 2 kilomètres au-dessous de ce point de jonction et vis-à-vis le petit moulin (Kleinmühl) de Dabo, que nous avons installé le déversoir destiné à mesurer les écoulements.

Les lignes de faîte ont été déterminées au moment des études d'aménagement; cette circonstance nous a permis de calculer la contenance du bassin d'expérience; elle est de 4,222^h 77^a.

La base minéralogique est le grès vosgien; dans quelques cantons, il forme des amas de poudingues et des lignes de roches verticales. Le sol, dont la fertilité varie beaucoup suivant les expositions, est généralement assez profond; sur un tiers de l'étendue totale, il renferme peu d'humus.

Les pentes transversales sont considérables, elles varient entre 25 et 60 p. %; sur quelques points, elles s'élèvent jusqu'à 80 p. %. Chacun des bras de la Zorn reçoit les eaux de deux versants exposés l'un au nord-ouest, l'autre au sud-ouest.

Les versants septentrionaux sont généralement peuplés de belles futaies, essence sapin, où tous les âges se rencontrent, mais où dominent les bois de 20 à 30 ans et ceux de 90 à 120 ans. Les versants méridionaux, à l'exception de quelques lisières à l'état de futaies de sapin, sont formés par les chaumes; on désigne ainsi dans le pays des parties autrefois livrées périodiquement à l'incendie en vue du pâturage, et par suite presque entièrement vides. On n'y trouvait qu'un petit nombre de vieux chênes; ces derniers avaient été préservés de l'action du feu par leur écorce dure, épaisse et coriace. Depuis que le service forestier a été réorganisé dans le comté de Dabo, les incendies ont cessé leurs ravages. Sous le couvert des vieux chênes, sous l'abri des pins et bouleaux qui n'ont pas tardé à faire leur apparition, il s'est produit, sur les deux tiers environ de la surface des chaumes, de jeunes repeuplements de sapins âgés aujourd'hui de 10 à 40 ans.

A la partie supérieure du bassin, une étendue de 70^h n'a pu encore être reboisée à cause de la rigueur du climat. On n'y trouve qu'un petit nombre de bouleaux et de pins rabougris ; le sol est couvert de bruyères épaisses.

ARTICLE 2.

DISPOSITION DES EXPÉRIENCES.

Pour opérer dans le bassin, dont nous venons de présenter la description, trois pluviomètres ont été installés, l'un à la maison forestière de Jægerhoff (altitude 400^m), le second à la maison forestière de la Hirtztel (altitude 500^m), le troisième à la maison forestière du Hengst (altitude 889^m). Les différences de situation de ces trois postes représentent sensiblement celles qui se rapportent à l'ensemble du champ d'expérience. Le pluviomètre du Jægerhoff a 0^m,40 de diamètre, les deux autres ont 0^m,35 seulement. La hauteur de ces pluviomètres est divisée en deux parties égales par le diaphragme ; cette disposition, qui ne saurait évidemment entraîner d'erreur dérivant de l'inclinaison de la pluie, était motivée par le désir de recueillir la neige qui, parfois, tombe en masse considérable. Par suite de circonstances contraires et imprévues, les observations relatives à la neige n'ont pu être effectuées qu'au Jægerhoff, où elles ont été suivies avec soin. Le réservoir des pluviomètres est d'un volume inférieur au volume du réservoir des pluviomètres ordinaires ; ce genre de construction se comprend dans un instrument semblable, dont le contenu est extrait chaque jour de pluie.

En hiver, au moment de la neige et des gelées, on tassait journellement la neige dans la partie supérieure du pluviomètre de Jægerhoff; chaque semaine, on recueillait, à l'aide de l'eau chaude, et l'on mesurait, par différence, le volume de l'eau congelée dans le pluviomètre.

La mesure de la quantité d'eau était pratiquée dans les trois postes d'observations à l'aide de vases gradués en fractions décimales du litre.

Le déversoir était installé au-dessous du moulin de Dabo, qui forme le point inférieur du bassin étudié. Cet emplacement est d'autant plus favorable que les eaux s'y trouvent réunies en un seul lit, et qu'il est situé immédiatement au-dessus de l'endroit où le petit ruisseau de Dabo vient rejoindre la Zorn.

La connaissance des lignes de faîte a permis de séparer facilement les terrains desservis par le ruisseau précité; une étendue considérable du bassin de ce ruisseau est déboisée, il importait donc d'éviter les inconvénients qui pouvaient en résulter.

ARTICLE 3.

TABLEAU DES RÉSULTATS OBSERVÉS.

Les observations faites au pluviomètre installé à la maison forestière du Gægerhoff ont commencé le 10 juillet 1858; elles ont fourni les résultats dont suit l'exposé (1):

La première colonne du tableau ci-après indique la date de l'observation; la seconde, l'heure du commencement de la pluie; la troisième, l'heure de la fin de la pluie; la quatrième donne le volume de l'eau recueillie au pluviomètre.

---

(1) Les pièces justificatives de ces expériences sont déposées à l'Académie des sciences.

Enfin la cinquième colonne indique quel est le volume total de l'eau tombée sur toute l'étendue du bassin, cette quantité étant calculée en prenant pour point de départ le volume recueilli au pluviomètre.

Nous avons effectué le même calcul pour chaque pluviomètre, et obtenu ainsi une moyenne qui représente l'expression de la masse d'eau tombée sur le champ d'expériences.

PLUVIOMÈTRE DU JÆGERHOFF. (DIAMÈTRE = 0^m,40.)

DATES.	HEURE du commencement DE LA PLUIE.	HEURE de la fin DE LA PLUIE.	VOLUME de l'eau recueillie au pluviomètre..	VOLUME correspondant pour l'étendue du bassin.	OBSERVATIONS.
10 juillet 1858.	4 heures du matin.	3 heures du soir.	0^{mc},000420	141,124^{mc},972	
12 id.	7 id. id.	2 id. id.	0 ,000930	312,484 ,980	
17 id.	5 id. id.	8 id. du matin.	0 ,000440	147,796 ,948	
21 id.	8 id. id.	8 id. du soir.	0 ,001330	446,937 ,976	
22 id.	Le 21 à 8 h. du soir.	Le 22 à 2 h. du matin.	0 ,001130	379,711 ,474	
24 id.	9 heures du matin.	7 heures du soir.	0 ,002670	897,203 ,496	
25 id.	Le 24 à 7 h. du soir.	Le 25 à 9 h. du matin.	0 ,000330	110,889 ,940	
28 id.	Le 27 à 8 h. id.	Le 28 à 5 h. du soir.	0 ,001020	342,753 ,792	
29 id.	Le 28 à 11 h. id.	Le 29 à 6 id.	0 ,002200	739,271 ,896	
14 août 1858.	4 heures du soir.	8 heures du soir.	0 ,000300	100,803 ,964	
19 id. (à midi). 19 id. (à 7 h. du soir).	6 heures du matin.	7 id. id.	0 ,001100	369,999 ,104	
20 id.	3 heures du soir.	Le 21 à 2 h. du matin.	0 ,001400	470,805 ,072	
25 id.	3 id. id.	7 heures du soir.	0 ,000520	174,734 ,844	
26 id.	Le 25 à 10 h. du soir.	Le 26 à 3 h. du soir.	0 ,000500	168,015 ,572	
27 id.	6 heures du soir.	7 heures 1/2 du soir.	0 ,000530	178,082 ,656	
28 id.	Le 27 à 7 h. 1/2 du soir.	Le 28 à 6 h. du soir.	0 ,000130	43,683 ,708	
5 septembre 1858	5 heures du soir.	10 heures du soir.	0 ,000940	315,863 ,196	
7 id.	6 id. du matin.	10 id. du matin.	0 ,000740	248,721 ,153	
8 id.	1 id. id.	4 id. id.	0 ,000620	208,182 ,561	
9 id.	Le 8 à 11 h. du soir.	Le 9 à 5 h. du matin.	0 ,000300	168,066 ,246	
18 id.	Le 17 à 11 id.	Le 18 à 6 id.	0 ,000230	77,276 ,691	
23 id.	4 heures du matin.	10 heures du matin.	0 ,000300	168,066 ,246	
24 id.	7 id. id.	5 id. du soir.	0 ,000540	181,579 ,110	
1er octobre 1858	6 id. id.	3 id. id.	0 ,001050	353,023 ,572	
5 id.	3 id. 1/2 du soir.	3 id. id.	0 ,000800	268,828 ,294	
8 id.	2 id. du soir.	4 heures 1/2 du soir.	0 ,000430	144,495 ,208	
9 id.	Le 8 à 10 h. du soir.	Le 9 à 3 h. du soir.	0 ,001600	537,656 ,588	
11 id.	2 heures du matin.	10 heures du matin.	0 ,001170	393,161 ,380	
12 id.	3 id. id.	9 id. id.	0 ,000880	278,909 ,355	
20 id.	3 id. id.	9 id. id.	0 ,001170	393,161 ,380	
24 id.	2 id. du soir.	4 id. du soir.	0 ,000950	319,233 ,599	
28 id.	3 id. id.	8 id. id.	0 ,000220	73,927 ,780	
29 id.	Le 28 à 8 h. du soir.	Le 29 à 3 h. du soir.	0 ,000400	134,414 ,147	
4 novembre 1858.	5 heures du soir.	7 heures du soir.	0 ,000900	302,431 ,831	
5 id.	Le 4 à 7 h. du soir.	Le 5 à 5 h. du soir.	»	»	Neige et gelée.
6 id.	Le 5 à 11 id.	Le 6 à 12 id.	»	»	Id. — Épaisseur moyenne de
7 id.	Midi.	2 heures du soir.	»	»	Id. — la couche de neige sur
8 id.	»	»	»	»	Id. — le sol 0^m,14.
9 id.	»	»	»	»	Gelée — Une partie de la neige
10 id.	»	»	»	»	Id. — a été fondue par le so-
11 id.	»	»	»	»	Id. — leil.
12 id.	»	»	»	»	Une partie de la neige est fondue par le soleil.
13 id.	3 heures du soir.	7 heures du soir.	»	»	Pluie et gelée.
14 id.	Le 13 à 7 h. du soir.	Le 14 à 4 h. du soir.	»	»	Id.
			0 ,003300	1,108,910 ,714	

PLUVIOMÈTRE DU JÆGERHOFF.
(DIAMÈTRE = 0m,40.)

DATES.	HEURE du commencement DE LA PLUIE.	HEURE de la fin DE LA PLUIE.	VOLUME de l'eau recueillie au pluviomètre.	VOLUME correspondant pour l'étendue du bassin.	OBSERVATIONS.
15 novembre 1858.	Le 14 à 4 h. du soir.	Le 15 à 3 h. du matin.	»	»	Pluie et gelée.
16 id.	7 heures du matin.	11 heures du matin.	»	»	Id.
17 id.	Le 16 à 12 h. du soir.	Le 17 à 4 h. 1/2 du soir.	0mc,006800	2,285,040mc,502	Dégel.
18 id.	Le 17 à 4 h. 1/2 du soir.	Le 18 à 3 h. du soir.	0 ,003380	1,118,997 ,775	Id.
19 id.	Le 18 à 10 h. du soir.	Le 19 à 6 h. du matin.	»	»	Pluie et gelée.
20 id.	»	»	»	»	Gelée.
21 id.	»	»	0 ,002480	833,367 ,712	Glace fondue artificiellement.
22 id.	»	»	»	»	Gelée.
23 id.	»	»	»	»	Id.
24 id.	»	»	»	»	Id.
25 id.	»	»	»	»	Id.
26 id.	»	»	»	»	Dégel.
27 id.	»	»	»	»	Id.
28 id.	2 heures du matin.	4 heures du soir.	0 ,000870	292,850 ,770	Id.
29 id.	Le 28 à 4 h. du soir.	Le 29 à 5 h. du soir.	0 ,000400	134,414 ,147	Id.
30 id.	2 heures du matin.	6 heures du matin.	0 ,000300	100,810 ,610	Id.
1er décembre 1858.	6 id. du soir.	10 id. du soir.	0 ,000400	134,414 ,147	Id.
2 id.	»	»	»	»	Id.
3 id.	Le 2 à 9 h. du soir.	Le 3 à 7 h. du matin.	0 ,000300	100,810 ,610	Id.
Du 4 au 6 déc. 1858.	»	»	»	»	Gelée.
7 décembre 1858.	»	»	»	»	Dégel.
Du 8 au 18 déc. 1858.	»	»	»	»	Gelée.
19 décembre 1858.	2 heures du soir.	4 heures du soir.	0 ,000320	107,581 ,817	Dégel.
20 id.	2 heures du matin.	3 id. id.	0 ,001500	504,053 ,052	Id.
21 id.	»	»	»	»	Id.
22 id.	5 heures du matin.	1 heure du soir.	0 ,001750	588,061 ,894	Id.
23 id.	»	»	»	»	Id.
24 id.	4 heures du matin.	4 heures du soir.	0 ,002500	840,088 ,420	Id.
25 id.	Le 24 à 4 h. du soir.	Le 25 à 1 h. du soir.	0 ,002040	685,512 ,150	Id.
26 id.	Midi.	4 heures du soir.	0 ,000800	268,828 ,294	Id.
27 id.	Le 26 à 4 h. du soir.	Le 27 à 4 h. du soir.	0 ,002370	796,403 ,822	Id.
28 id.	Le 27 à 4 id.	Le 28 à 3 id.	0 ,002530	883,773 ,017	Id.
29 id.	4 heures du matin.	7 heures du matin.	0 ,000140	47,044 ,951	Id.
30 id.	»	»	»	»	Gelée.
3 janvier 1859.	»	»	»	»	Id.
4 id.	1 heure du soir.	5 heures du soir.	»	»	Pluie et ensuite gelée.
9 id.	»	»	0 ,000300	100,810 ,610	Glace fondue artificiellement.
10 et 11 janvier 1859.	»	»	»	»	Gelée.
12 janvier 1859.	11 heures du matin.	5 heures du soir.	0 ,000930	312,512 ,892	Dégel.
13 id.	Le 12 à 5 h. du soir.	Le 13 à 10 h. du matin.	»	»	Gelée après la pluie.
14 et 15 janvier 1859.	»	»	»	»	Gelée.
16 janvier 1859.	»	»	0 ,000530	178,098 ,743	Glace fondue artificiellement.
17 id.	»	»	»	»	Gelée.
18 et 19 janvier 1859.	»	»	»	»	Dégel.
Du 20 au 22 janv. 1859.	»	»	»	»	Gelée.

PLUVIOMÈTRE DU JÆGERHOFF.
(DIAMÈTRE = 0m,40.)

DATES.	HEURE du commencement DE LA PLUIE.	HEURE de la fin DE LA PLUIE.	VOLUME de l'eau recueillie au pluviomètre.	VOLUME correspondant pour l'étendue du bassin.	OBSERVATIONS.
23 janvier 1859.	3 heures du matin.	8 heures du matin.	0mc,000230	77,288mc,134	Dégel.
24 id.	1 id. id.	7 id. id.	0 ,000420	141,134 ,854	Id.
25 id.					Id.
26 id.	2 heures du soir.	5 heures du soir.	0 ,000250	84,008 ,842	Id.
27 id.					Id.
28 id.	5 heures du matin.	4 heures du soir.	0 ,000800	268,828 ,294	Id.
29 id.	Le 28 à 7 h. du soir.	Le 29 à 11 h. du matin.	0 ,001000	336,035 ,368	Id.
30 id.	4 heures du matin.	10 heures du matin.	0 ,000430	144,495 ,208	Id.
31 id.	Le 30 à 10 h. du soir.	Le 31 à 11 h. du matin.	0 ,002200	739,277 ,808	Id.
2 février 1859.	10 heures du matin.	5 heures du soir.	0 ,000770	258,747 ,238	Id.
3 id.	5 heures id.	10 id. id.	0 ,000480	144,495 ,208	Id.
Du 5 au 10 fév. 1859.					Gelée.
11 février 1859.	3 heures du matin.	5 heures du soir.	0 ,001280	430,125 ,271	Dégel.
12 id.	4 id. id.	7 id. du matin.	0 ,000280	94,089 ,903	Id.
14 id.	3 id. id.	9 id. id.	0 ,000620	208,841 ,928	Id.
15 id.	4 id. id.	10 id. id.	0 ,000600	201,021 ,220	Id.
18 id.	4 id. id.	9 id. id.	0 ,000500	168,017 ,684	Id.
19 id.	8 id. id.	Midi.	0 ,000220	73,927 ,781	Id.
Du 21 au 26 fév. 1859.					Gelée.
27 février 1859.	1 heure du matin.	5 heures du soir.	0 ,001280	430,125 ,271	Dégel.
28 id.	Le 27 à 5 h. du soir.	Le 28 à 2 h. du matin.	0 ,000400	134,414 ,147	Id.
Du 1er au 4 mars 1859.					Gelée.
5 mars 1859.	Le 4 à 8 h. du soir.	Le 5 à 5 h. du soir.	0 ,000840	282,269 ,709	Dégel.
Du 6 au 7 mars 1859.					Id.
8 mars 1859.	4 heures du matin.	7 heures du matin.	0 ,000200	67,207 ,073	Id.
9 id.					Id.
Du 10 au 12 mars 1859.					Gelée.
Du 13 au 15 id.					Dégel.
16 mars 1859.	Le 15 à 9 h. du soir.	Le 16 à 4 h. du matin.	0 ,000600	201,621 ,221	Id.
Du 17 au 22 mars 1859.					Gelée.
23 mars 1859.					Dégel.
24 id.	8 heures du matin.	6 heures du soir.	0 ,000520	174,788 ,391	Id.
25 id.	Le 24 à 7 h. du soir.	Le 25 à 6 h. du soir.	0 ,000700	235,224 ,357	Id.
26 id.	10 heures du matin.	6 heures du soir.	0 ,000200	67,207 ,073	Id.
29 id.	6 id. id.	6 id. id.	0 ,000430	144,495 ,208	Id.
30 id.	Le 29 à 8 h. du soir.	Le 30 à 4 h. du soir.	0 ,002100	705,674 ,272	Id.
31 id.	2 heures du matin.	2 heures du soir.			Neige épaisseur moyenne 0m,11.
1er avril 1859.			0 ,001450	487,251 ,283	La neige fond naturellement sur une hauteur de 0m,04 ; le 2 la neige fond sur une hauteur de 0m,02 ; le 3 fonte de 0m,03 de neige. Dégel.
8 id.	8 heures du matin.	4 heures du soir.	0 ,000800	268,828 ,294	
9 id.	Le 8 à 11 h. du soir.	Le 9 à 3 h. du soir.	0 ,001820	611,584 ,369	
10 id.	3 heures du matin.	10 heures du matin.	0 ,000500	168,017 ,684	
11 id.	4 id. id.	7 id. id.	0 ,000200	67,207 ,073	
12 id.	10 id. id.	2 id. du soir.	0 ,000170	57,126 ,012	
13 id.	3 h. 1/2 du matin.	6 id. id.	0 ,001800	604,863 ,662	
15 id.	4 heures du matin.	7 id. id.	0 ,001300	436,845 ,078	

PLUVIOMÈTRE DU JÆGERHOFF.

(DIAMÈTRE = 0^m,40.)

DATES.	HEURE du commencement DE LA PLUIE.	HEURE de la fin DE LA PLUIE.	VOLUME de l'eau recueillie au pluviomètre.	VOLUME correspondant pour l'étendue du bassin.	OBSERVATIONS.
16 avril 1859.	6 heures du matin.	7 heures du soir.	0 ,000400	134,414mc,147	
17 id.	Le 16 à 8 h. du soir.	Le 17 à 3 h. du matin.	0 ,000420	141,134 ,854	
20 id.	1 heure du matin.	8 heures du soir.	0 ,002200	739,277 ,809	
21 id.	Le 20 à 9 h. du soir.	Le 21 à 7 h. du soir.	0 ,001530	514,134 ,113	
22 id.	Le 21 à 10 id.	Le 22 à 1 h. du matin.	0 ,000300	100,810 ,610	
29 id.	Le 28 à 7 id.	Le 29 à 3 id.	0 ,002300	782,962 ,407	
1er mai 1859.	30 avril à 9 h. du soir.	Le 1er à 1 id.	0 ,000800	268,828 ,294	
2 id.	3 heures du matin.	9 heures du matin.	0 ,001050	352,837 ,134	
4 id.	3 id. du soir.	8 id. du soir.	0 ,000930	312,312 ,892	
5 id.	Le 4 à 8 h. du soir.	Le 5 à 4 h. du soir.	0 ,003670	1,233,249 ,800	
16 id.	Le 15 à 8 id.	Le 16 à 6 id.	0 ,000950	319,233 ,399	
17 id.	Le 16 à 8 id.	Le 17 à 8 id.	0 ,004600	1,543,762 ,692	
18 id.	Le 17 à 8 id.	Le 18 à 8 id.	0 ,001250	420,044 ,210	
19 id.	Le 18 à 8 id.	Le 19 à 10 h. du matin.	0 ,001050	352,837 ,136	
25 id.	10 heures du matin.	Midi.	0 ,002800	940,899 ,030	
26 id.	11 id. id.	Midi.	0 ,000900	302,831 ,831	
28 id.	10 id. id.	3 heures du soir.	0 ,000430	144,495 ,208	
29 id.	2 id. id.	8 id. du matin.	0 ,001100	369,638 ,904	
31 id.	4 id. du soir.	7 id. du soir.	0 ,000900	302,831 ,831	
5 juin 1859.	Le 4 à 8 h. du soir.	Le 5 à 8 h. du soir.	0 ,003700	1,243,330 ,861	
7 id.	8 heures du matin.	Midi.	0 ,000760	255,386 ,879	
9 id.	4 id. du soir.	6 heures du soir.	0 ,000300	100,810 ,610	
10 id.	11 id. du matin.	3 id. id.	0 ,000600	201,621 ,220	
11 id.	2 id. id.	7 id. id.	0 ,001600	537,656 ,588	
13 id.	11 id. id.	5 id. id.	0 ,000400	134,414 ,147	
14 id.	10 id. id.	5 id. id.	0 ,001200	403,242 ,441	
17 id.	5 id. id.	9 id. du matin.	0 ,000200	67,207 ,073	
19 id.	2 id. id.	8 id. id.	0 ,001430	480,330 ,576	
21 id.	11 id. id.	3 id. du soir.	0 ,000600	201,621 ,220	
24 id.	7 id. id.	11 id. du matin.	0 ,000400	134,414 ,147	
29 id.	5 id. id.	2 id. du soir.	0 ,000200	67,207 ,073	
30 id.	8 id. id.	2 id. id.	0 ,000100	33,603 ,536	
22 juillet 1859.	4 id. du soir.	4 heures 1/2 du soir.	0 ,000620	208,341 ,928	
25 id.	Le 24 à minuit.	Le 25 à 8 h. du matin.	0 ,003070	1,031,628 ,579	
30 id.	1 heure du soir.	6 heures du soir.	0 ,004200	1,411,348 ,545	

PLUVIOMÈTRE DU HENGST.
(DIAMÈTRE = 0^m,35.)

Le pluviomètre de la maison forestière du Hengst a fonctionné depuis le 8 septembre 1858 jusqu'à la fin des expériences.

DATES.	HEURE du commencement DE LA PLUIE.	HEURE de la fin DE LA PLUIE.	VOLUME de l'eau recueillie au pluviomètre	VOLUME correspondant pour l'étendue du bassin.	OBSERVATIONS.
8 septembre 1858.	9 heures du soir.	4 heures du matin.	0me,000260	114,117^{mc},825	
18 id.	8 id. du matin.	1 id. du soir.	0 ,000420	184,344 ,179	
23 id.	7 id. id.	2 id. id.	0 ,000600	263,348 ,828	
24 id.	7 id. id.	1 id. id.	0 ,001360	596,924 ,009	
30 id.	9 id. id.	4 id. id.	0 ,001040	456,471 ,301	
1er octobre 1858.	Midi.	2 id. id.	0 ,000400	175,363 ,883	
5 id.	5 heures du matin.	5 id. id.	0 ,000160	70,226 ,354	
8 id.	7 id. id.	Le 9 à 6 h. du matin.	0 ,002480	1,088,508 ,487	
9 id.	7 id. id.	5 heures du soir.	0 ,000880	386,244 ,947	
11 id.	3 id. id.	7 id. du matin.	0 ,000640	280,905 ,416	
12 id.	7 id. id.	Le 13 à 7 h. du matin.	0 ,001340	675,928 ,658	
21 id.	4 id. id.	6 heures du matin.	0 ,000040	17,556 ,588	
5 novembre 1858.	Le 4 à 9 h. du soir.	Le 5 à 7 h. du soir.	»	»	Neige.
6 id.	9 heures du matin.	6 heures du soir.	»	»	Id.
13 id.	3 id. du soir.	Le 14 à 6 h. du matin.	0 ,002950	1,272,852 ,667	Pluie.
14 id.	2 id. id.	Le 15 à 5 id.	0 ,001440	632,087 ,186	Id.
16 id.	10 id. du matin.	Le 17 à 7 id.	0 ,001760	772,489 ,894	Id.
17 id.	7 id. id.	Le 18 à 6 id.	0 ,002740	1,202,626 ,813	Id.
18 id.	10 id. id.	5 heures du soir.	0 ,001280	561,810 ,832	Id.
26 id.	10 id. du soir.	Le 27 à 4 h. du matin.	0 ,000920	403,801 ,535	Id.
27 id.	8 id. id.	Le 28 à 5 id.	0 ,000780	342,353 ,476	Id.
28 id.	6 id. id.	Le 29 à 3 id.	0 ,000600	263,848 ,827	Id.
29 id.	7 id. id.	Le 30 à 4 id.	0 ,000720	316,018 ,593	Id.
30 id.	10 id. du matin.	1 heure du soir.	0 ,000360	158,009 ,296	Id.
1er décembre 1858.	1 id. du soir.	10 id. id.	0 ,000740	324,796 ,887	Id.
2 id.	1 id. du matin.	6 id. du matin.	0 ,000300	131,674 ,413	Id.
19 id.	11 id. id.	Le 20 à 7 h. du matin.	0 ,001160	509,141 ,067	Id.
20 id.	7 id. id.	6 heures du soir.	0 ,001020	447,698 ,007	Id.
21 id.	11 id. du soir.	Le 22 à 7 h. du matin.	0 ,000460	201,900 ,767	Id.
22 id.	7 id. du matin.	11 heures du soir.	0 ,000960	421,358 ,124	Id.
23 id.	7 id. id.	Le 24 à 7 h. du matin.	0 ,000360	158,009 ,296	Pluie et neige.
24 id.	7 id. id.	Le 25 à 7 id.	»	»	Neige.
25 id.	7 id. id.	Le 26 à 7 id.	»	»	Id.
26 id.	7 id. id.	Le 27 à 7 id.	»	»	Id.
27 id.	7 id. id.	Le 28 à 7 id.	»	»	Id.
4 janvier 1859.	10 id. id.	8 heures du soir.	»	»	Id.
11 id.	10 id. id.	2 id. id.	»	»	Id.
12 id.	11 id. id.	5 id. id.	»	»	Id.
13 id.	2 id. du soir.	6 id. id.	»	»	Id.
18 id.	7 id. du matin.	10 id. id.	»	»	Id.
22 id.	4 id. id.	7 id. du matin.	»	»	Id.
23 id.	7 id. id.	10 id. id.	»	»	Id.
24 id.	8 id. id.	2 id. du soir.	»	»	Id.

PLUVIOMÈTRE DU HENGST.
(DIAMÈTRE = 0^m,33.)

DATES.	HEURE du commencement DE LA PLUIE.	HEURE de la fin DE LA PLUIE.	VOLUME de l'eau recueillie au pluviomètre.	VOLUME correspondant pour l'étendue du bassin.	OBSERVATIONS.
26 janvier 1859.	7 heures du matin.	8 heures du soir.	0mc,000880	386,244mc,947	Pluie.
27 id.	10 id. id.	7 id. id.	"	"	Neige.
28 id.	8 id. id.	7 id. id.	0 ,002120	930,499 ,191	Pluie.
29 id.	2 id. id.	6 id. du matin.	0 ,000360	158,009 ,296	Id.
30 id.	3 id. id.	7 id. id.	"	"	Neige.
31 id.	7 id. id.	5 id. du soir.	"	"	Id.
2 février 1859.	9 id. id.	Le 3 à 7 h. du matin.	"	"	Id.
3 id.	7 id. id.	6 heures du soir.	"	"	Id.
11 id.	7 id. id.	10 id. id.	0 ,002600	1,141,178 ,253	Pluie.
12 id.	7 id. id.	8 id. du matin.	0 ,000160	70,226 ,554	Id.
13 id.	8 id. du soir.	11 id. du soir.	0 ,000600	263,348 ,827	Id.
14 id.	10 id. id.	Le 15 à 7 h. du matin.	"	"	Neige.
15 id.	8 id. du matin.	6 heures du soir.	"	"	Id.
16 id.	7 id. id.	4 id. du matin.	0 ,000900	395,023 ,242	Pluie.
17 id.	8 id. id.	Le 18 à 7 h. du matin.	0 ,001280	561,810 ,853	Id.
18 id.	7 id. id.	10 heures du matin.	0 ,000860	377,466 ,655	Id.
19 id.	7 id. id.	10 id. du soir.	"	"	Neige.
22 id.	4 id. id.	7 id. du matin.	"	"	Id.
4 mars 1859.	3 id. id.	7 id. id.	0 ,002680	1,351,857 ,516	
5 id.	8 id. id.	10 id. du soir.	0 ,000920	403,801 ,538	
13 id.	7 id. id.	10 id. id.	0 ,000140	61,448 ,059	
15 id.	7 id. du soir.	11 id. id.	0 ,000100	43,891 ,471	
16 id.	8 id. id.	11 id. id.	0 ,000760	333,575 ,181	
18 id.	1 id. du matin.	11 id. du matin.	0 ,000140	61,448 ,059	
24 id.	1 id. du soir.	7 id. du soir.	0 ,001120	491,584 ,478	
25 id.	7 id. du matin.	10 id. id.	0 ,001300	570,589 ,120	
26 id.	2 id. du soir.	0 id. id.	0 ,000600	263,348 ,827	
29 id.	3 id. id.	10 id. id.	0 ,001100	482,806 ,184	
30 id.	8 id. du matin.	8 id. id.	0 ,000580	254,570 ,570	
31 id.	1 id. id.	11 id. du matin.	0 ,000080	450,136 ,418	
8 avril 1859.	8 id. id.	11 id. du soir.	0 ,001500	658,372 ,069	
9 id.	7 id. id.	8 id. id.	0 ,001160	509,141 ,067	
10 id.	8 id. id.	11 id. du matin.	0 ,000500	219,457 ,356	
12 id.	2 id. du soir.	Le 13 à 7 h. du matin.	0 ,000780	342,353 ,476	
13 id.	7 id. du matin.	10 heures du soir.	0 ,001000	458,014 ,743	
14 id.	1 id. id.	7 id. du matin.	0 ,000960	421,358 ,124	
15 id.	7 id. id.	8 id. du soir.	"	"	Neige.
16 id.	8 id. id.	11 id. id.	"	"	Id.
19 id.	2 id. id.	7 id. du matin.	0 ,003000	1,316,744 ,139	
20 id.	8 id. id.	Le 21 à 8 h. du matin.	0 ,002360	1,035,838 ,722	
21 id.	4 id. du soir.	9 heures du soir.	0 ,000880	386,244 ,947	
22 id.	8 id. du matin.	10 id. du matin.	"	"	Neige.
23 id.	6 id. id.	7 id. du soir.	"	"	Id.
25 id.	2 id. du soir.	6 id. id.	0 ,001120	419,584 ,478	
28 id.	7 id. id.	Le 29 à 6 h. du matin.	0 ,000740	324,796 ,887	

PLUVIOMÈTRE DU HENGST.
(DIAMÈTRE = 0ᵐ,33.)

DATES.	HEURE du commencement DE LA PLUIE.	HEURE de la fin DE LA PLUIE.	VOLUME de l'eau recueillie au pluviomètre.	VOLUME correspondant pour l'étendue du bassin.	OBSERVATIONS.
1er mai 1859.	9 heures du matin.	8 heures du soir.	0 ,001160	509,141^{mc},072	
2 id.	8 id. id.	1 id. id.	0 ,001080	474,027 ,895	
4 id.	2 id. du soir.	Le 5 à 7 h. du matin.	0 ,002920	1,281,630 ,976	
5 id.	7 id. du matin.	8 heures du soir.	0 ,000940	412,579 ,834	
14 id.	1 id. du soir.	2 id. id.	0 ,000300	131,674 ,415	
15 id.	7 id. id.	10 id. id.	0 ,000840	368,688 ,363	
16 id.	7 id. du matin.	Le 17 à 7 h. du matin.	0 ,001240	544,254 ,250	
17 id.	7 id. id.	Le 18 à 2 id.	0 ,003060	1,343,079 ,087	
18 id.	10 id. id.	Le 19 à 7 id.	0 ,001080	474,027 ,895	
19 id.	7 id. id.	11 heures du matin.	0 ,000440	193,122 ,475	
25 id.	8 id. du soir.	11 id. du soir.	0 ,001300	570,589 ,143	
26 id.	11 id. du matin.	2 id. id.	0 ,000920	403,801 ,540	
28 id.	1 id. du soir.	2 id. id.	0 ,001920	772,489 ,903	
29 id.	7 id. id.	8 id. id.	0 ,000460	201,900 ,770	
31 id.	7 id. id.	8 id. id.	0 ,000520	228,235 ,653	
2 juin 1859.	6 id. id.	7 id. id.	0 ,000360	158,009 ,296	
3 id.	2 id. id.	8 id. id.	0 ,000100	43,891 ,471	
4 id.	7 id. id.	Le 5 à 7 h. du matin.	0 ,000920	403,801 ,535	
7 id.	10 id. du matin.	1 heure du soir.	0 ,001500	658,372 ,069	
8 id.	4 id. du soir.	5 id. id.	0 ,000200	87,782 ,942	
10 id.	10 id. du matin.	Le 11 à 7 h. du matin.	0 ,004640	2,036,364 ,268	
11 id.	8 id. id.	Le 12 à 8 id.	0 ,000720	316,618 ,593	
13 id.	5 id. du soir.	7 heures du soir.	0 ,000520	201,900 ,767	
14 id.	10 id. du matin.	8 id. id.	0 ,002120	930,499 ,191	
16 id.	11 id. id.	1 id. id.	0 ,000360	158,009 ,296	
17 id.	7 id. id.	8 id. du matin.	0 ,000200	87,782 ,942	
18 id.	11 id. du soir.	Le 19 à 7 h. du matin.	0 ,001300	570,589 ,126	
19 id.	7 id. du matin.	9 heures du matin.	0 ,000940	412,579 ,830	
21 id.	8 id. id.	6 id. du soir.	0 ,000760	333,575 ,181	
24 id.	6 id. id.	9 id. du matin.	0 ,000900	395,023 ,241	
29 id.	7 id. id.	5 id. du soir.	0 ,000520	201,900 ,767	
20 juillet 1859.	3 id. du soir.	4 id. id.	0 ,000840	368,688 ,358	
22 id.	5 id. id.	7 id. id.	0 ,000640	280,905 ,416	
25 id.	Le 24 à 11 h. du soir.	Le 25 à 7 h. du matin.	0 ,002260	991,947 ,251	
30 id.	Midi.	8 heures du soir.	0 ,000208	912,942 ,603	

PLUVIOMÈTRE DE LA HIRTZTEL.
(DIAMÈTRE = 0^m,35.)

Le pluviomètre de la maison forestière de la Hirtztel a été installé le 4 novembre 1858 et a fonctionné jusqu'à la fin des expériences.

DATES.	HEURE du commencement DE LA PLUIE.	HEURE de la fin DE LA PLUIE.	VOLUME de l'eau recueillie au pluviomètre.	VOLUME correspondant pour l'étendue du bassin.	OBSERVATIONS.
5 novembre 1858.	Le 4 à 11 h. du soir.	Le 5 à 6 h. du soir.	"	"	Neige.
6 id.	8 heures du matin.	5 heures du soir.	"	"	id.
13 id.	4 id. du soir.	Le 14 à 5 h. du matin.	0mc,002180	956,884mc,074	
14 id.	4 id. 1/2 id.	Le 15 à 3 id.	0 ,000160	70,226 ,354	
15 id.	9 id. id.	Le 16 à 6 id.	0 ,003660	1,606,427 ,849	
16 id.	9 id. du matin.	6 heures du soir.	0 ,002040	895,386 ,014	
17 id.	8 id. du soir.	Le 18 à 2 h. du matin.	0 ,000500	219,457 ,356	
18 id.	10 id. du matin.	6 heures du soir.	0 ,002600	1,141,178 ,253	
26 id.	6 id. du soir.	Le 27 à 1 h. du matin.	0 ,002040	895,386 ,014	
29 id.	10 id. id.	Le 30 à 3 id.	0 ,000900	395,023 ,241	
30 id.	3 id. id.	Le 30 à 5 h. du soir.	0 ,000420	184,344 ,179	
1er décembre 1858.	6 id. id.	8 heures du soir.	0 ,000220	96,561 ,236	
3 id.	4 id. du matin.	5 id. du matin.	0 ,000140	61,448 ,059	
19 id.	1 id. du soir.	Le 20 à 2 h. du matin.	0 ,000960	421,358 ,124	
20 id.	8 id. du matin.	2 heures du soir.	0 ,000180	79,004 ,647	
22 id.	9 id. id.	4 id. id.	0 ,000260	114,117 ,825	
23 id.	2 id. du soir.	Le 24 à 6 h. du matin.	0 ,000160	70,226 ,354	
24 id.	9 id. du matin.	Le 25 à 4 id.	0 ,001960	860,272 ,837	
25 id.	10 id. id.	4 heures du soir.	0 ,000220	96,561 ,236	
26 id.	3 id. du soir.	Le 27 à 8 h. du matin.	0 ,002000	877,829 ,425	
27 id.	8 id. du matin.	Le 28 à 7 id.	0 ,001240	544,254 ,244	
28 id.	7 id. id.	1 heure du soir.	0 ,001000	438,914 ,713	
24 janvier 1859.	4 id. id.	8 id. du matin.	0 ,000680	298,462 ,004	
26 id.	6 id. id.	2 id. du soir.	0 ,000300	131,674 ,414	
27 id.	1 id. id.	8 id. du matin.	0 ,000400	175,565 ,885	
28 id.	8 id. id.	Le 29 à 8 h. du matin.	0 ,001380	605,702 ,303	
30 id.	10 id. du soir.	Le 31 à 8 id.	0 ,001600	702,263 ,540	
31 id.	8 id. du matin.	4 heures du soir.	0 ,000380	166,787 ,590	
2 février 1859.	10 id. id.	11 id. id.	"	"	Neige.
3 id.	4 id. id.	11 id. du matin.	"	"	id.
10 id.	4 id. du soir.	Le 11 à 8 h. du matin.	0 ,001200	526,697 ,656	
13 id.	10 id. id.	Le 14 à 7 id.	0 ,000540	237,013 ,945	
14 id.	9 id. id.	Le 15 à 8 id.	0 ,000380	166,787 ,591	
17 id.	11 id. id.	8 heures du matin.	0 ,000800	351,131 ,770	
27 id.	2 id. du matin.	11 id. id.	0 ,001360	596,924 ,009	
28 id.	7 id. id.	10 id. id.	0 ,000040	17,556 ,388	
4 mars 1859.	7 id. du soir.	Le 5 à 7 h. du matin.	0 ,000800	351,131 ,770	
5 id.	10 id. id.	Le 6 à 4 id.	0 ,000180	79,004 ,848	
15 id.	9 id. id.	Le 16 à 4 id.	0 ,000600	263,348 ,278	
17 id.	8 id. id.	Le 18 à 2 id.	0 ,000060	26,334 ,827	
18 id.	7 id. id.	Le 19 à 3 id.	0 ,000020	8,778 ,294	
24 id.	1 id. id.	8 heures du soir.	0 ,000740	324,796 ,887	
25 id.	9 id. du matin.	Le 26 à 7 h. du matin.	0 ,000780	333,575 ,181	

PLUVIOMÈTRE DE LA HIRTZTEL.
(DIAMÈTRE = 0^m,35.)

DATES.	HEURE du commencement DE LA PLUIE.	HEURE de la fin DE LA PLUIE.	VOLUME de l'eau recueillie au pluviomètre.	VOLUME correspondant pour l'étendue du bassin.	OBSERVATIONS.
26 mars 1859.	9 heures du soir.	2 heures du matin.	0mc,000480	210,679mc,062	
29 id.	5 id. id.	7 id. id.	0 ,000960	421,358 ,124	
30 id.	8 id. du matin.	8 id. id.	0 ,000580	254,570 ,333	
31 id.	1 id. id.	11 id. id.	0 ,000980	430,136 ,418	
8 avril 1859.	9 id. id.	Le 9 à 8 h. du matin.	0 ,001200	526,697 ,655	
9 id.	9 id. id.	Le 10 à 7 id.	0 ,001600	702,263 ,540	
11 id.	3 id. id.	7 heures du matin.	0 ,000080	35,113 ,177	
13 id.	4 id. id.	8 id. id.	0 ,001800	790,046 ,483	
14 id.	7 id. id.	6 id. du soir.	0 ,000400	175,565 ,885	
15 id.	4 id. du soir.	Le 16 à 2 h. du matin.	0 ,000400	175,565 ,885	
16 id.	8 id. du matin.	2 heures du soir.	0 ,000420	184,344 ,179	
17 id.	2 id. du soir.	5 id. id.	0 ,000240	105,339 ,531	
20 id.	5 id. du matin.	7 id. id.	0 ,003460	1,518,644 ,906	
21 id.	3 id. du soir.	8 id. id.	0 ,000380	166,787 ,591	
25 id.	3 id. id.	10 id. id.	0 ,001000	438,914 ,713	
28 id.	7 id. id.	Le 29 à 5 h. du matin.	0 ,000460	201,900 ,767	
1er mai 1859.	4 id. du matin.	2 heures du soir.	0 ,001200	526,697 ,655	
2 id.	9 id. id.	6 id. id.	0 ,001260	553,032 ,538	
4 id.	3 id. du soir.	Le 5 à 4 h. du matin.	0 ,001820	798,824 ,777	
5 id.	8 id. du matin.	5 heures du soir.	0 ,001880	825,159 ,860	
16 id.	8 id. id.	Le 17 à 8 h. du matin.	0 ,002540	1,114,843 ,871	
17 id.	9 id. id.	Le 18 à 8 id.	0 ,002980	1,299,187 ,550	
18 id.	10 id. id.	Le 19 à 8 id.	0 ,001120	491,584 ,478	
25 id.	4 id. du soir.	Le 26 à 2 id.	0 ,000800	351,131 ,770	
26 id.	3 id. id.	Le 27 à 8 id.	0 ,000400	175,565 ,885	
27 id.	5 id. id.	Le 28 à 6 id.	0 ,000460	201,900 ,767	
28 id.	2 id. id.	Le 29 à 6 id.	0 ,000800	351,131 ,770	
31 id.	6 id. id.	9 heures du soir.	0 ,002680	1,176,291 ,430	
4 juin 1859.	7 id. id.	Le 5 à 6 h. du matin.	0 ,000600	263,348 ,827	
5 id.	3 id. id.	Le 6 à 1 id.	0 ,001460	640,815 ,480	
6 id.	8 id. id.	Le 7 à 8 id.	0 ,000300	131,674 ,413	
7 id.	8 id. du matin.	1 heure du soir.	0 ,000940	412,579 ,830	
10 id.	10 id. id.	Le 11 à 8 h. du matin.	0 ,001600	702,263 ,540	
11 id.	8 id. id.	8 heures du soir.	0 ,000800	351,131 ,770	
12 id.	1 id. du soir.	6 id. id.	0 ,000200	87,782 ,942	
14 id.	10 id. du matin.	4 id. id.	0 ,001280	561,810 832	
15 id.	11 id. id.	3 id. id.	0 ,000460	70,226 ,354	
17 id.	3 id. id.	7 id. du matin.	0 ,000900	395,023 ,241	
21 id.	10 id. id.	2 id. du soir.	0 ,000800	351,131 ,770	
24 id.	7 id. id.	10 id. du matin.	0 ,000560	245,792 ,239	
30 id.	10 id. id.	4 id. du soir.	0 ,000260	114,117 ,825	
22 juillet 1859.	Midi.	4 id. 1/2 id.	0 ,000400	175,565 ,885	
25 id.	Le 24 à 11 h. du soir.	Le 25 à 7 h. du matin.	0 ,002400	1,053,395 ,311	
30 id.	2 heures du soir.	7 heures du soir.	0 ,001680	737,376 ,717	

DÉVERSOIR DU PETIT MOULIN DE DABO.

Le déversoir du petit moulin de Dabo a fonctionné depuis le commencement jusqu'à la fin des expériences (9 juillet 1858 au 31 juillet 1859). La largeur était de $1^m,95$, depuis le 9 juillet 1858 au 12 décembre 1858 : à cette dernière date, le déversoir fut reconstruit avec une largeur de 2 mètres. Les résultats sont développés dans le tableau suivant. Les chiffres indiqués dans la quatrième colonne ont été calculés à l'aide de la formule :

$$D = KLh \sqrt{2g\left(h + \frac{v^2}{2g}\right)},$$

D étant la dépense par seconde, l la largeur, h la charge du déversoir, g l'intensité de la pesanteur, v la vitesse dans le bief d'amont. Nous avons choisi pour valeur du coefficient d'expériences K une moyenne entre le coefficient indiqué par M. Boileau et celui indiqué par M. Lasbross pour des circonstances d'établissement analogues.

$$K = \frac{0,438 + 0,428}{2} = 0,433.$$

Quant à v, des expériences directes nous ont démontré que sa valeur moyenne est de $0^m,30$ quand la charge du déversoir varie de $0^m,10$ à $0^m,20$; elle a été reconnue égale à $0^m,50$ pour des charges variant de $0^m,20$ à $0^m,30$; elle devient égale à 1 mètre pour des charges comprises entre $0^m,30$ et $0^m,40$; — à $1^m,25$ depuis $h = 0^m,40$ jusqu'à $h = 0^m,45$; — $1^m,50$ depuis $h = 0^m,45$ jusqu'à $h = 0^m,50$ exclusivement ; à $1^m,60$ pour $h = 0,50$; à $1^m,75$ pour $h = 0^m,51$, enfin à $1^m,90$ pour $h = 0^m,52$.

Nota. Les cotes ont été mesurées avec une règle large ; on admet dans les calculs qui suivent que le remous du flot contre la règle compense la dépression de la courbure parabolique.

DÉVERSOIR DU PETIT MOULIN DE DABO.

DATES.	HEURE de l'observation.	CHARGE du déversoir.	VOLUME de l'eau passée au déversoir.
9 juillet 1858.	3 heures du soir.	$0^m,21$	2,433^{mc},600
id.	5 id. id.	0 ,19	
10 id.	6 id. du matin.	0 ,18	14,063 ,400
id.	5 id. du soir.	0 ,18	
11 id.	6 id. du matin.	0 ,18	
id.	7 id. du soir.	0 ,18	56,181 ,600
12 id.	8 id. du matin.	0 ,18	
id.	Midi.	0 ,18	
id.	1 heure du soir.	0 ,21	1,170 ,000
id.	6 id. id.	0 ,21	6,678 ,000
13 id.	5 id. du matin.	0 ,17	12,592 ,800
id.	1 id. du soir.	0 ,17	
id.	6 id. id.	0 ,17	
14 id.	6 id. du matin.	0 ,17	
id.	1 id. du soir.	0 ,17	
id.	7 id. id.	0 ,17	
15 id.	7 id. du matin.	0 ,17	82,044 ,000
id.	1 id. du soir.	0 ,17	
id.	7 id. id.	0 ,17	
16 id.	6 id. du matin.	0 ,17	
id.	Midi.	0 ,17	
id.	7 heures du soir.	0 ,17	
17 id.	6 id. du matin.	0 ,18	10,969 ,200

DÉVERSOIR DU PETIT MOULIN DE DABO.

DATES.	HEURE de l'observation.	CHARGE du déversoir.	VOLUME de l'eau passée au déversoir.
17 juillet 1858.	1 heure du soir.	0,18	12,484mc,800
id.	6 id. id.	0 ,18	10,078 ,200
18 id.	5 id. du matin.	0 ,15	
id.	Midi.	0 ,15	
id.	7 heures du soir.	0 ,15	
19 id.	5 id. du matin.	0 ,15	
id.	1 id. du soir.	0 ,15	57,816 ,000
id.	6 id. id.	0 ,15	
20 id.	7 id. du matin.	0 ,15	
id.	1 id. du soir.	0 ,15	
id.	6 id. id.	0 ,15	
21 id.	6 id. du matin.	0 ,15	
id.	Midi.	0 ,18	5,497 ,200
id.	7 heures du soir.	0 ,22	8,643 ,600
22 id.	6 id. du matin.	0 ,22	15,721 ,200
id.	Midi.	0 ,19	7,657 ,200
id.	7 heures du soir.	0 ,17	7,270 ,200
23 id.	6 id. du matin.	0 ,17	10,494 ,000
id.	1 id. du soir.	0 ,16	11,863 ,800
id.	7 id. id.	0 ,15	4,989 ,600]
24 id.	6 id. du matin.	0 ,16	9,147 ,000
id.	1 id. du soir.	0 ,16	6,098 ,400
id.	7 id. id.	0 ,26	8,100 ,000

DÉVERSOIR DU PETIT MOULIN DE DABO.

DATES.	HEURE de l'observation.	CHARGE du déversoir.	VOLUME de l'eau passée au déversoir.
25 juillet 1858.	6 heures du matin.	0,19	16,236mc,000
id.	1 id. du soir.	0 ,18	7,572 ,600
id.	7 id. id.	0 ,17	5,983 ,200
26 id.	6 id. du matin.	0 ,17	10,494 ,000
id.	1 id. du soir.	0 ,16	6,388 ,200
id.	7 id. id.	0 ,15	4,989 ,600
27 id.	6 id. du matin.	0 ,15	
id.	Midi.	0 ,15	19,008 ,000
id.	7 id. id.	0 ,15	
28 id.	6 id. du matin.	0 ,18	10,078 ,200
id.	Midi.	0 ,21	7,128 ,000
id.	7 heures du soir.	0 ,21	9,349 ,200
29 id.	7 id. du matin.	0 ,24	17,755 ,200
id.	Midi.	0 ,24	19,483 ,200
id.	7 heures du soir.	0 ,24	
30 id.	6 id. du matin.	0 ,19	15,107 ,400
id.	Midi.	0 ,18	6,490 ,800
id.	7 heures du soir.	0 ,17	6,980 ,400
31 id.	6 id. du matin.	0 ,17	
id.	7 id. du soir.	0 ,17	33,390 ,000
1er août 1858.	6 id. du matin.	0 ,17	
id.	Midi.	0 ,16	5,475 ,600
id.	7 heures du soir.	0 ,16	6,098 ,400

DÉVERSOIR DU PETIT MOULIN DE DABO.

DATES.	HEURE de l'observation.	CHARGE du déversoir.	VOLUME de l'eau passée au déversoir.
2 août 1858.	6 heures du matin.	0m,17	10,038mc,600
id.	7 id. du soir.	0 ,17	
3 id.	Midi.	0 ,17	54,516 ,000
4 id.	id.	0 ,17	
5 id.	id.	0 ,16	21,902 ,400
6 id.	id.	0 ,16	20,908 ,800
7 id.	id.	0 ,15	19,958 ,400
8 id.	id.	0 ,15	
9 id.	id.	0 ,15	
10 id.	id.	0 ,15	128,304 ,000
11 id.	id.	0 ,15	
12 id.	id.	0 ,15	
13 id.	id.	0 ,15	
14 id.	6 heures du matin.	0 ,15	10,810 ,800
id.	7 id. du soir.	0 ,16	
15 id.	6 id. du matin.	0 ,16	20,908 ,800
id.	7 id. du soir.	0 ,16	
16 id.	6 id. du matin.	0 ,15	9,147 ,600
17 id.	id. id.	0 ,15	
18 id.	id. id.	0 ,15	57,024 ,000
19 id.	id. id.	0 ,15	
id.	1 id. du soir.	0 ,19	6,703 ,200
id.	3 id. id.	0 ,20	2,340 ,000

DÉVERSOIR DU PETIT MOULIN DE DABO.

DATES.	HEURE de l'observation.	CHARGE du déversoir.	VOLUME de l'eau passée au déversoir.

DATES.	HEURE de l'observation.	CHARGE du déversoir.	VOLUME de l'eau passée au déversoir.
19 août 1858.	6 heures du soir.	0m,21	3,828mc,600
id.	8 id. id.	0 ,19	2,438 ,800
20 id.	6 id. du matin.	0 ,18	10,818 ,000
id.	Midi.	0 ,18	13,525 ,200
id.	7 heures du soir.	0 ,18	
21 id.	6 id. du matin.	0 ,20	12,414 ,600
id.	Midi.	0 ,18	6,771 ,600
id.	7 heures du soir.	0 ,18	7,282 ,800
22 id.	6 id. du matin.	0 ,17	10,969 ,200
id.	7 id. du soir.	0 ,16	11,863 ,800
23 id.	6 id. du matin.	0 ,16	9,383 ,200
id.	7 id. du soir.	0 ,15	10,810 ,800
24 id.	6 id. du matin.	0 ,15	8,712 ,000
id.	7 id. du soir.	0 ,16	10,810 ,800
25 id.	6 id. du matin.	0 ,16	14,810 ,400
id.	Midi.	0 ,16	
id.	5 heures du soir.	0 ,20	5,220 ,000
id.	8 id. id.	0 ,22	3,969 ,000
26 id.	5 id. du matin.	0 ,22	12,862 ,800
id.	Midi.	0 ,20	9,261 ,000
id.	5 heures du soir.	0 ,21	6,381 ,000
id.	8 id. id.	0 ,21	4,006 ,800
27 id.	7 id. du matin.	0 ,19	13,523 ,400

DÉVERSOIR DU PETIT MOULIN DE DABO.

DATES.	HEURE de l'observation.	CHARGE du déversoir.	VOLUME de l'eau passée au déversoir.
27 août 1858.	8 heures du soir.	0^m,17	13,501^{mc},800
28 id.	5 id. du matin.	0 ,19	9,347 ,400
id.	Midi.	0 ,18	7,572 ,600
id.	7 heures du soir.	0 ,17	6,980 ,400
29 id.	6 id. du matin.	0 ,17	10,494 ,000
id.	7 id. du soir.	0 ,16	11,863 ,800
30 id.	5 id. du matin.	0 ,16	8,712 ,000
id.	7 id. du soir.	0 ,15	11,642 ,400
31 id.	5 id. du matin.	0 ,15	
id.	7 id. du soir.	0 ,15	
1er septemb. 1858.	Midi.	0 ,15	
2 id.	id.	0 ,15	108,504 ,000
3 id.	id.	0 ,15	
4 id.	id.	0 ,15	
5 id.	id.	0 ,15	
id.	7 heures du soir.	0 ,17	6,111 ,000
6 id.	5 id. du matin.	0 ,16	9,126 ,000
id.	7 id. du soir.	0 ,16	12,196 ,800
7 id.	8 id. du matin.	0 ,18	12,425 ,400
id.	7 id. du soir.	0 ,17	10,969 ,200
8 id.	5 id. du matin.	0 ,17	21,942 ,000
id.	6 id. du soir.	0 ,17	10,969 ,200
9 id.	5 id. du matin.	0 ,18	

DÉVERSOIR DU PETIT MOULIN DE DABO.

DATES.	HEURE de l'observation.	CHARGE du déversoir.	VOLUME de l'eau passée au déversoir.
9 septembre 1858.	6 heures du soir.	0^m,18	13,525^{mc},200
10 id.	7 id. du matin.	0 ,16	12,425 ,400
id.	5 id. du soir.	0 ,15	8,316 ,000
11 id.	id. id.	0 ,15	
12 id.	id. id.	0 ,15	133,056 ,000
13 id.	id. id.	0 ,15	
Du 14 au 17 sept.	id. id.	0 ,15	
18 septembre 1858.	8 id. du matin.	0 ,17	13,095 ,000
id.	6 id. du soir.	0 ,16	9,126 ,000
19 id.	7 id. du matin.	0 ,14	10,296 ,000
id.	6 id. du soir.	0 ,14	8,276 ,400
Du 20 au 22 sept.	6 id. id.	0 ,15	55,598 ,400
23 septembre 1858.	7 id. du matin.	0 ,16	10,810 ,800
id.	6 id. du soir.	0 ,16	9,583 ,200
24 id.	10 id. du matin.	0 ,17	14,601 ,600
id.	4 id. du soir.	0 ,18	5,983 ,200
id.	6 id. id.	0 ,18	14,565 ,600
25 id.	6 id. du matin.	0 ,18	
id.	5 id. du soir.	0 ,17	10,969 ,200
26 id.	8 id. du matin.	0 ,16	13,689 ,000
id.	5 id. du soir.	0 ,15	7,484 ,400
Du 27 au 30 sept.	5 id. id.	0 ,15	76,032 ,000
1er octobre 1858.	7 id. du matin.	0 ,16	11,692 ,800

DÉVERSOIR DU PETIT MOULIN DE DABO.

DATES.	HEURE de l'observation.	CHARGE du déversoir.	VOLUME de l'eau passée au déversoir.
1er octobre 1858.	5 heures du soir.	0m,17	9,126mc,000
2 id.	7 id. du matin.	0,17	13,356 ,000
id.	5 id. du soir.	0,15	8,730 ,000
3 id.	7 id. du matin.	0,15	
4 id.	id. id.	0,15	49,104 ,000
5 id.	id. id.	0,15	
6 id.	id. id.	0,16	20,044 ,800
id.	5 id. du soir.	0,16	8,712 ,000
7 id.	7 id. du matin.	0,15	11,642 ,400
id.	5 id. du soir.	0,15	20,592 ,000
8 id.	9 id. du matin.	0,15	
id.	5 id. du soir.	0,17	6,984 ,000
9 id.	6 id. du matin.	0,18	12,963 ,600
id.	5 id. du soir.	0,18	11,444 ,400
10 id.	6 id. du matin.	0,16	12,445 ,400
id.	5 id. du soir.	0,16	
11 id.	7 id. du matin.	0,16	30,492 ,000
id.	5 id. du soir.	0,16	
12 id.	7 id. du matin.	0,18	13,381 ,200
id.	5 id. du soir.	0,17	9,972 ,000
13 id.	7 id. du matin.	0,16	12,778 ,400
id.	5 id. du soir.	0,16	8,712 ,000
14 id.	7 id. du matin.	0,15	11,642 ,400

DÉVERSOIR DU PETIT MOULIN DE DABO.

DATES.	HEURE de l'observation.	CHARGE du déversoir.	VOLUME de l'eau passée au déversoir.
14 octobre 1858.	5 heures du soir.	0m,15	19,008mc,000
15 id.	7 id. du matin.	0,15	
16 id.	id. id.	0,14	18,037 ,600
17 id.	id. id.	0,14	
18 id.	id. id.	0,14	
19 id.	id. id.	0,14	102,643 ,200
20 id.	id. id.	0,14	
21 id.	id. id.	0,14	
22 id.	id. id.	0,14	
23 id.	id. id.	0,13	16,200 ,000
24 id.	id. id.	0,13	13,292 ,800
25 id.	id. id.	0,14	16,200 ,000
26 id.	id. id.	0,14	34,927 ,200
27 id.	8 id. du matin.	0,14	
id.	4 id. du soir.	0,13	5,400 ,000
28 id.	8 id. du matin.	0,13	15,292 ,800
id.	4 id. du soir.	0,13	
29 id.	8 id. du matin.	0,17	12,729 ,600
id.	4 id. du soir.	0,17	7,632 ,000
30 id.	8 id. du matin.	0,15	13,968 ,000
id.	4 id. du soir.	0,15	6,336 ,000
31 id.	8 id. du matin.	0,14	12,038 ,400
id.	4 id. du soir.	0,14	

DÉVERSOIR DU PETIT MOULIN DE DABO.

DATES.	HEURE de l'observation.	CHARGE du déversoir.	VOLUME de l'eau passée au déversoir.
1er novemb. 1858.	8 heures du matin.	0m,14	
2 id.	id. id.	0 ,14	91,238mc,000
3 id.	id. id.	0 ,14	
4 id.	id. id.	0 ,14	
5 id.	id. id.	0 ,14	
id.	4 id. du soir.	0 ,14	
6 id.	8 id. du matin.	0 ,15	12,038 ,000
id.	4 id. du soir.	0 ,15	
7 id.	8 id. du matin.	0 ,15	
8 id.	id. id.	0 ,15	
9 id.	id. id.	0 ,15	120,384 ,000
10 id.	id. id.	0 ,15	
11 id.	id. id.	0 ,15	
12 id.	id. id.	0 ,15	
id.	4 id. du soir.	0 ,15	13,305 ,600
13 id.	8 id. du matin.	0 ,16	5,969 ,600
id.	4 id. du soir.	0 ,16	15,292 ,800
14 id.	8 id. du matin.	0 ,18	8,654 ,400
id.	4 id. du soir.	0 ,19	
15 id.	8 id. du matin.	0 ,19	26,956 ,800
id.	4 id. du soir.	0 ,19	
16 id.	8 id. du matin.	0 ,16	13,955 ,200
id.	4 id. du soir.	0 ,16	6,969 ,600

DÉVERSOIR DU PETIT MOULIN DE DABO.

DATES.	HEURE de l'observation.	CHARGE du déversoir.	VOLUME de l'eau passée au déversoir.
17 novembre 1858.	8 heures du matin.	0m,18	15,292mc,800
id.	10 id. id.	0 ,20	2,257 ,200
id.	1 id. du soir.	0 ,27	4,725 ,000
id.	4 id. id.	0 ,31	6,658 ,200
18 id.	8 id. du matin.	0 ,28	32,256 ,000
id.	10 id. id.	0 ,26	3,385 ,200
id.	4 id. du soir.	0 ,26	10,972 ,800
19 id.	7 id. du matin.	0 ,36	37,017 ,000
id.	10 id. id.	0 ,36	9,320 ,400
id.	1 id. du soir.	0 ,27	7,560 ,000
id.	4 id. id.	0 ,27	5,799 ,600
20 id.	7 id. du matin.	0 ,23	25,947 ,000
id.	10 id. id.	0 ,25	4,876 ,000
id.	4 id. du soir.	0 ,24	10,044 ,000
21 id.	8 id. du matin.	0 ,24	32,472 ,000
id.	Midi.	0 ,24	
id.	5 heures du soir.	0 ,23	7,875 ,000
22 id.	7 id. du matin.	0 ,22	20,689 ,000
id.	5 id. du soir.	0 ,21	13,824 ,000
23 id.	7 id. du matin.	0 ,19	17,211 ,600
id.	4 id. du soir.	0 ,19	
24 id.	8 id. du matin.	0 ,19	37,065 ,600
id.	4 id. du soir.	0 ,19	

DÉVERSOIR DU PETIT MOULIN DE DABO.

DATES.	HEURE de l'observation.	CHARGE du déversoir.	VOLUME de l'eau passée au déversoir.
25 novembre 1858.	8 heures du matin.	0^m,20	18,720^{mc},000
id.	4 id. du soir.	0 ,20	
26 id.	8 id. du matin.	0 ,20	
id.	4 id. du soir.	0 ,20	
27 id.	8 id. du matin.	0 ,20	126,547 ,200
28 id.	8 id. id.	0 ,20	
id.	4 id. du soir.	0 ,20	
29 id.	7 id. du matin.	0 ,20	
id.	4 id. du soir.	0 ,20	
30 id.	7 id. du matin.	0 ,19	18,720 ,000
id.	4 id. du soir.	0 ,19	8,985 ,600
1er décemb. 1858.	7 id. du matin.	0 ,18	16,227 ,000
id.	4 id. du soir.	0 ,18	24,969 ,600
2 id.	7 id. du matin.	0 ,18	
3 id.	7 id. id.	0 ,17	23,932 ,800
4 id.	7 id. id.	0 ,16	21,902 ,400
5 id.	7 id. id.	0 ,16	41,817 ,600
6 id.	7 id. id.	0 ,16	
7 id.	7 id. id.	0 ,17	21,902 ,400
id.	4 id. du soir.	0 ,17	8,586 ,000
8 id.	7 id. du matin.	0 ,16	13,689 ,000
id.	4 id. du soir.	0 ,16	
9 id.	8 id. du matin.	0 ,16	

DÉVERSOIR DU PETIT MOULIN DE DABO.

DATES.	HEURE de l'observation.	CHARGE du déversoir.	VOLUME de l'eau passée au déversoir.
10 décembre 1858.	8 heures du matin.	0^m,18	70,567^{mc},200
11 id.	8 id. id.	0 ,16	
id.	4 id. du soir.	0 ,16	
12 id.	8 id. du matin.	0 ,17	14,803 ,200
id.	4 id. du soir.	0 ,17	
13 id.	8 id. du matin.	0 ,17	47,001 ,600
14 id.	8 id. id.	0 ,17	
15 id.	8 id. id.	0 ,16	22,464 ,000
16 id.	8 id. id.	0 ,16	
17 id.	8 id. id.	0 ,16	85,708 ,800
18 id.	8 id. id.	0 ,16	
19 id.	8 id. id.	0 ,16	
id.	4 id. du soir.	0 ,17	7,488 ,000
20 id.	8 id. du matin.	0 ,18	16,858 ,400
id.	4 id. du soir.	0 ,18	
21 id.	8 id. du matin.	0 ,18	34,099 ,200
id.	4 id. du soir.	0 ,18	
22 id.	8 id. du matin.	0 ,19	17,740 ,800
id.	4 id. du soir.	0 ,19	
23 id.	8 id. du matin.	0 ,19	
id.	4 id. du soir.	0 ,19	82,944 ,000
24 id.	8 id. du matin.	0 ,19	
id.	4 id. du soir.	0 ,19	

DÉVERSOIR DU PETIT MOULIN DE DABO.

DATES.	HEURE de l'observation.	CHARGE du déversoir.	VOLUME de l'eau passée au déversoir.
25 décembre 1858.	8 heures du matin.	0^m,19	4,802^{mc},400
id.	Midi.	0 ,20	5,234 ,400
id.	4 heures du soir.	0 ,21	
26 id.	8 id. du matin.	0 ,21	32,832 ,000
id.	Midi.	0 ,21	
id.	4 heures du soir.	0 ,21	20,937 ,600
27 id.	8 id. du matin.	0 ,20	4,996 ,800
id.	Midi.	0 ,20	5,234 ,400
id.	4 heures du soir.	0 ,21	25,084 ,800
28 id.	8 id. du matin.	0 ,25	7,070 ,400
id.	Midi.	0 ,25	7,286 ,400
id.	4 heures du soir.	0 ,26	39,484 ,800
29 id.	8 id. du matin.	0 ,35	
id.	Midi.	0 ,35	24,480 ,000
id.	4 heures du soir.	0 ,35	47,001 ,600
30 id.	8 id. du matin.	0 ,33	11,260 ,800
id.	Midi.	0 ,33	10,267 ,200
id.	4 heures du soir.	0 ,30	34,416 ,000
31 id.	8 id. du matin.	0 ,27	
id.	Midi.	0 ,27	15,868 ,800
id.	4 heures du soir.	0 ,27	30,009 ,600
1er janvier 1859.	8 id. du matin.	0 ,25	14,140 ,800
id.	4 id. du soir.	0 ,25	

DÉVERSOIR DU PETIT MOULIN DE DABO.

DATES.	HEURE de l'observation.	CHARGE du déversoir.	VOLUME de l'eau passée au déversoir.
Du 2 janv. 1859 (1)	8 heures du matin.	0^m,24	27,446^{mc},400
au 6 id.	4 id. du soir.	0 ,24	172,972 ,800
7 id.	8 id. du matin.	0 ,23	25,833 ,000
id.	4 id. du soir.	0 ,23	12,528 ,000
du 8 id.	8 id. du matin.	0 ,22	24,249 ,600
au 10 id.	4 id. du soir.	0 ,22	82,051 ,200
du 11 id.	8 id. du matin.	0 ,21	22,665 ,000
au 17 id.	4 id. du soir.	0 ,21	207,936 ,000
18 id.	8 id. du matin.	0 ,20	20,937 ,600
id.	4 id. du soir.	0 ,20	9,993 ,600
du 19 id.	8 id. du matin.	0 ,19	19,209 ,600
au 22 id.	4 id. du soir.	0 ,19	92,160 ,000
du 23 id.	8 id. du matin.	0 ,18	17,740 ,800
au 25 id.	4 id. du soir.	0 ,18	59,673 ,600
26 id.	8 id. du matin.	0 ,19	17,740 ,800
id.	4 id. du soir.	0 ,19	9,216 ,000
27 id.	8 id. du matin.	0 ,20	19,209 ,600
28 id.	4 id. du soir.	0 ,20	39,974 ,400
du 29 id.	8 id. du matin.	0 ,25	24,134 ,400
au 31 id.	4 id. du soir.	0 ,25	98,985 ,600
1er févr. 1859.	8 id. du matin.	0 ,30	32,688 ,000

(1) Cette mention indique que toutes les observations effectuées les 3, 4, 5 janvier ont fourni la même cote que les deux observations faites au commencement et à la fin du délai 2-6 janvier. — De même, pour tous les délais pendant lesquels la charge du déversoir n'a pas changé.

DÉVERSOIR DU PETIT MOULIN DE DABO.

DATES.	HEURE de l'observation.	CHARGE du déversoir.	VOLUME de l'eau passée au déversoir.
1er févr. 1859.	4 heures du soir.	0^m,30	18,347^{mc},200
du 2 id.	8 id. du matin.	0 ,28	35,308 ,800
au 6 id.	4 id. du soir.	0 ,28	217,900 ,800
7 id.	8 id. du matin.	0 ,26	31,766 ,400
id.	4 id. du soir.	0 ,26	15,004 ,800
8 id.	8 id. du matin.	0 ,25	29,145 ,600
id.	4 id. du soir.	0 ,25	14,140 ,800
9 id.	8 id. du matin.	0 ,24	27,446 ,400
id.	4 id. du soir.	0 ,24	13,305 ,600
10 id.	8 id. du matin.	0 ,23	23,833 ,600
id.	4 id. du soir.	0 ,23	12,528 ,000
11 id.	8 id. du matin.	0 ,24	25,833 ,600
id.	4 id. du soir.	0 ,24	13,305 ,600
du 12 id.	8 id. du matin.	0 ,26	28,309 ,800
au 26 id.	4 id. du soir.	0 ,26	645,206 ,400
27 id.	8 id. du matin.	0 ,30	33,552 ,000
28 id.	4 id. du soir.	0 ,30	74,188 ,800
1er mars 1859.	8 id. du matin.	0 ,27	34,416 ,000
id.	4 id. du soir.	0 ,27	15,868 ,800
2 id.	8 id. du matin.	0 ,26	30,873 ,600
id.	4 id. du soir.	0 ,26	15,004 ,800
du 3 id.	8 id. du matin.	0 ,25	29,145 ,600
au 8 id.	4 id. du soir.	0 ,25	226,252 ,800

DÉVERSOIR DU PETIT MOULIN DE DABO.

DATES.	HEURE de l'observation.	CHARGE du déversoir.	VOLUME de l'eau passée au déversoir.
du 9 mars 1859.	8 heures du matin.	0^m,24	27,446^{mc},400
au 12 id.	4 id. du soir.	0 ,24	183,056 ,000
13 id.	8 id. du matin.	0 ,25	27,446 ,000
14 id.	4 id. du soir.	0 ,25	56,563 ,200
15 id.	8 id. du matin.	0 ,26	29,145 ,600
16 id.	4 id. du soir.	0 ,26	60,019 ,200
17 id.	8 id. du matin.	0 ,25	30,873 ,600
id.	4 id. du soir.	0 ,25	14,140 ,800
18 id.	8 id. du matin.	0 ,24	27,446 ,400
19 id.	4 id. du soir.	0 ,24	53,222 ,400
20 id.	8 id. du matin.	0 ,23	25,833 ,600
id.	4 id. du soir.	0 ,23	12,528 ,000
du 21 id.	8 id. du matin.	0 ,24	25,833 ,600
au 24 id.	4 id. du soir.	0 ,24	133,056 ,000
25 id.	8 id. du matin.	0 ,25	27,446 ,400
id.	4 id. du soir.	0 ,25	14,140 ,800
26 id.	8 id. du matin.	0 ,26	29,145 ,600
id.	4 id. du soir.	0 ,26	15,004 ,800
27 id.	8 id. du matin.	0 ,26	28,310 ,400
28 id.	4 id. du soir.	0 ,26	53,222 ,400
29 id.	8 id. du matin.	0 ,24	27,446 ,400
id.	4 id. du soir.	0 ,25	14,140 ,800
30 id.	8 id. du matin.	0 ,26	29,145 ,600

DÉVERSOIR DU PETIT MOULIN DE DABO.

DATES.	HEURE de l'observation.	CHARGE du déversoir.	VOLUME de l'eau passée au déversoir.
30 mars 1859.	4 heures du soir.	$0^m,26$	15,004^{mc},800
31 id.	8 id. du matin.	0 ,28	31,766 ,400
id.	4 id. du soir.	0 ,28	16,761 ,600
1er avril 1859.	8 id. du matin.	0 ,24	30,067 ,200
id.	4 id. du soir.	0 ,24	13,305 ,600
2 id.	8 id. du matin.	0 ,23	25,833 ,600
id.	4 id. du soir.	0 ,23	12,528 ,000
3 id.	8 id. du matin.	0 ,24	25,333 ,600
id.	4 id. du soir.	0 ,24	53,222 ,400
4 id.	8 id. du matin.	0 ,24	
id.	4 id. du soir.	0 ,24	27,446 ,600
5 id.	8 id. du matin.	0 ,25	
id.	4 id. du soir.	0 ,25	56,563 ,200
6 id.	8 id. du matin.	0 ,25	
id.	4 id. du soir.	0 ,25	29,145 ,600
7 id.	8 id. du matin.	0 ,26	
id.	4 id. du soir.	0 ,26	60,019 ,200
8 id.	8 id. du matin.	0 ,26	
id.	4 id. du soir.	0 ,26	30,873 ,600
9 id.	8 id. du matin.	0 ,27	
id.	4 id. du soir.	0 ,27	
10 id.	8 id. du matin.	0 ,27	
id.	4 id. du soir.	0 ,27	

DÉVERSOIR DU PETIT MOULIN DE DABO.

DATES.	HEURE de l'observation.	CHARGE du déversoir.	VOLUME de l'eau passée au déversoir.
11 avril 1859.	8 heures du matin.	$0^m,27$	158,688^{mc},000
id.	4 id. du soir.	0 ,27	
12 id.	8 id. du matin.	0 ,27	
id.	4 id. du soir.	0 ,27	
13 id.	8 id. du matin.	0 ,28	32,630 ,400
id.	4 id. du soir.	0 ,28	
14 id.	8 id. du matin.	0 ,28	67,046 ,400
id.	4 id. du soir.	0 ,28	
15 id.	8 id. du matin.	0 ,29	34,387 ,200
id.	4 id. du soir.	0 ,29	17,625 ,600
16 id.	8 id. du matin.	0 ,30	36,172 ,800
id.	4 id. du soir.	0 ,30	18,547 ,200
17 id.	8 id. du matin.	0 ,31	39,110 ,400
id.	4 id. du soir.	0 ,31	
18 id.	8 id. du matin.	0 ,31	82,252 ,800
id.	4 id. du soir.	0 ,31	
19 id.	8 id. du matin.	0 ,37	47,030 ,400
id.	4 id. du soir.	0 ,37	
20 id.	8 id. du matin.	0 ,37	
id.	4 id. du soir.	0 ,37	185,270 ,400
21 id.	8 id. du matin.	0 ,37	
id.	4 id. du soir.	0 ,37	
22 id.	8 id. du matin.	0 ,40	56,995 ,200

DÉVERSOIR DU PETIT MOULIN DE DABO.

DATES.	HEURE de l'observation.	CHARGE du déversoir.	VOLUME de l'eau passée au déversoir.
22 avril 1859.	4 heures du soir.	$0^m,40$	$30,528^{mc},000$
23 id.	8 id. du matin.	0 ,41	62,121 ,600
id.	4 id. du soir.	0 ,41	31,593 ,600
24 id.	8 id. du matin.	0 ,45	68,832 ,000
id.	4 id. du soir.	0 ,45	
25 id.	8 id. du matin.	0 ,43	
id.	4 id. du soir.	0 ,45	
26 id.	8 id. du matin.	0 ,45	372,384 ,000
id.	4 id. du soir.	0 ,45	
27 id.	8 id. du matin.	0 ,45	
id.	4 id. du soir.	0 ,45	
28 id.	8 id. du matin.	0 ,44	72,345 ,600
id.	4 id. du soir.	0 ,44	35,107 ,200
29 id.	8 id. du matin.	0 ,43	68,004 ,800
id.	4 id. du soir.	0 ,43	33,897 ,600
30 id.	8 id. du matin.	0 ,42	66,672 ,000
id.	4 id. du soir.	0 ,42	32,774 ,400
1er mai 1859.	8 id. du matin.	0 ,40	63,302 ,400
id.	4 id. du soir.	0 ,40	30,528 ,000
2 id.	8 id. du matin.	0 ,43	64,425 ,600
id.	4 id. du soir.	0 ,43	33,897 ,600
3 id.	8 id. du matin.	0 ,38	61,459 ,200
id.	4 id. du soir.	0 ,38	82,684 ,800

DÉVERSOIR DU PETIT MOULIN DE DABO.

DATES.	HEURE de l'observation.	CHARGE du déversoir.	VOLUME de l'eau passée au déversoir.
4 mai 1859.	8 heures du matin.	$0^m,38$	
id.	4 id. du soir.	0 ,40	$29,044^{mc},800$
5 id.	6 id. du matin.	0 ,50	65,116 ,800
id.	10 id. id.	0 ,48	21,196 ,800
id.	2 id. du soir.	0 ,46	19,837 ,600
id.	6 id. id.	0 ,46	
6 id.	5 id. du matin.	0 ,46	134,870 ,400
id.	6 id. du soir.	0 ,46	
7 id.	6 id. du matin.	0 ,41	32,596 ,000
id.	3 id. du soir.	0 ,41	
8 id.	6 id. du matin.	0 ,41	
id.	5 id. du soir.	0 ,41	
9 id.	6 id. du matin.	0 ,41	
id.	5 id. du soir.	0 ,41	422,564 ,400
10 id.	6 id. du matin.	0 ,41	
id.	5 id. du soir.	0 ,41	
11 id.	6 id. du matin.	0 ,41	
id.	5 id. du soir.	0 ,41	
12 id.	6 id. du matin.	0 ,39	48,906 ,000
id.	5 id. du soir.	0 ,39	
13 id.	6 id. du matin.	0 ,39	125,118 ,000
id.	5 id. du soir.	0 ,39	
14 id.	6 id. du matin.	0 ,37	44,740 ,800

DÉVERSOIR DU PETIT MOULIN DE DABO.

DATES.	HEURE de l'observation.	CHARGE du déversoir.	VOLUME de l'eau passée au déversoir.
14 mai 1859.	5 heures du soir.	0^m,37	
15 id.	6 id. du matin.	0 ,37	158,803^mc,200
id.	5 id. du soir.	0 ,37	
16 id.	6 id. du matin.	0 ,37	39,184 ,200
id.	5 id. du soir.	0 ,40	55,060 ;200
17 id.	6 id. du matin.	0 ,45	34,483 ,800
id.	1 id. du soir.	0 ,48	22,594 ,300
id.	5 id. id.	0 ,52	69,357 ,600
18 id.	6 id. du matin.	0 ,45	37,238 ,400
id.	2 id. du soir.	0 ,45	13,127 ,400
id.	5 id. id.	0 ,42	56,885 ,400
19 id.	6 id. du matin.	0 ,45	37,238 ,400
id.	2 id. du soir.	0 ,45	12,906 ,000
id.	5 id. id.	0 ,44	48,906 ,000
20 id.	6 id. du matin.	0 ,39	39,822 ,800
id.	5 id. du soir.	0 ,39	48,906 ,000
21 id.	6 id. du matin.	0 ,41	
id.	5 id. du soir.	0 ,41	
22 id.	6 id. du matin.	0 ,41	
id.	5 id. du soir.	0 ,41	
23 id.	6 id. du matin.	0 ,41	379,423 ,200
id.	5 id. du soir.	0 ,41	
24 id.	6 id. du matin.	0 ,41	

DÉVERSOIR DU PETIT MOULIN DE DABO.

DATES.	HEURE de l'observation.	CHARGE du déversoir.	VOLUME de l'eau passée au déversoir.
24 mai 1859.	5 heures du soir.	0^m,41	
25 id.	6 id. du matin.	0 ,41	24,559^mc,200
id.	Midi.	0 ,43	21,188 ,000
id.	5 heures du soir.	0 ,43	56,066 ,400
26 id.	6 id. du matin.	0 ,44	27,129 ,600
id.	Midi.	0 ,45	23,274 ,000
id.	5 heures du soir.	0 ,45	57,798 ,000
27 id.	6 id. du matin.	0 ,43	46,609 ,200
id.	5 id. du soir.	0 ,43	54,171 ,000
28 id.	6 id. du matin.	0 ,42	45,064 ,800
id.	5 id. du soir.	0 ,42	54,171 ,000
29 id.	6 id. du matin.	0 ,43	
id.	5 id. du soir.	0 ,43	148,302 ,000
30 id.	6 id. du matin.	0 ,43	
id.	3 id. du soir.	0 ,43	52,343 ,800
31 id.	6 id. du matin.	0 ,40	41,976 ,000
id.	5 id. du soir.	0 ,40	47,197 ,800
1er juin 1859.	6 id. du matin.	0 ,38	39,936 ,600
id.	5 id. du soir.	0 ,40	47,197 ,800
2 id.	6 id. du matin.	0 ,38	35,778 ,600
id.	5 id. du soir.	0 ,35	
3 id.	7 id. du matin.	0 ,35	
id.	5 id. du soir.	0 ,35	146,880 ,000

DÉVERSOIR DU PETIT MOULIN DE DABO.

DATES.	HEURE de l'observation.	CHARGE du déversoir.	VOLUME de l'eau passée au déversoir.
4 juin 1859.	7 heures du matin.	$0^m,35$	
id.	5 id. du soir.	0 ,35	45,536mc,400
5 id.	7 id. du matin.	0 ,38	39,936 ,600
id.	6 id. du soir.	0 ,40	47,197 ,800
6 id.	7 id. du matin.	0 ,38	40,521 ,600
id.	7 id. du soir.	0 ,37	39,700 ,800
7 id.	7 id. du matin.	0 ,37	37,837 ,600
id.	6 id. du soir.	0 ,39	41,299 ,200
8 id.	6 id. du matin.	0 ,87	42,213 ,600
id.	7 id. du soir.	0 ,36	34,353 ,000
9 id.	6 id. du matin.	0 ,35	
id.	7 id. du soir.	0 ,33	70,380 ,000
10 id.	5 id. du matin.	0 ,35	47,763 ,000
id.	8 id. du soir.	0 ,87	33,768 ,000
11 id.	6 id. du matin.	0 ,38	50,828 ,400
id.	8 id. du soir.	0 ,40	34,344 ,000
12 id.	5 id. du matin.	0 ,40	55,431 ,000
id.	8 id. du soir.	0 ,39	37,184 ,400
13 id.	7 id. du matin.	0 ,36	40,599 ,000
id.	8 id. du soir.	0 ,38	
14 id.	7 id. du matin.	0 ,35	78,440 ,000
id.	8 id. du soir.	0 ,33	38,210 ,400
15 id.	8 id. du matin.	0 ,87	

DÉVERSOIR DU PETIT MOULIN DE DABO.

DATES.	HEURE de l'observation.	CHARGE du déversoir.	VOLUME de l'eau passée au déversoir.
15 juin 1859.	8 heures du soir.	$0^m,35$	38,966mc,400
16 id.	7 id. du matin.	0 ,35	34,353 ,000
id.	8 id. du soir.	0 ,33	
17 id.	7 id. du matin.	0 ,35	
id.	8 id. du soir.	0 ,35	180,660 ,000
18 id.	7 id. du matin.	0 ,35	
id.	8 id. du soir.	0 ,35	
19 id.	8 id. du matin.	0 ,40	41,256 ,000
id.	7 id. du soir.	0 ,37	39,194 ,200
20 id.	7 id. du matin.	0 ,37	82,710 ,000
id.	8 id. du soir.	0 ,37	
21 id.	6 id. du matin.	0 ,36	32,472 ,000
id.	8 id. du soir.	0 ,36	
22 id.	6 id. du matin.	0 ,36	121,068 ,000
id.	8 id. du soir.	0 ,36	
23 id.	5 id. du matin.	0 ,35	28,107 ,000
id.	8 id. du soir.	0 ,35	43,900 ,000
24 id.	5 id. du matin.	0 ,34	26,924 ,000
id.	8 id. du soir.	0 ,34	43,848 ,000
25 id.	5 id. du matin.	0 ,32	25,293 ,400
id.	8 id. du soir.	0 ,32	40,230 ,000
26 id.	8 id. du matin.	0 ,28	28,663 ,000
id.	7 id. du soir.	0 ,28	23,047 ,200

DÉVERSOIR DU PETIT MOULIN DE DABO.

DATES.	HEURE de l'observation.	CHARGE du déversoir.	VOLUME de l'eau passée au déversoir.
27 juin 1859.	5 heures du matin.	0m,27	20,394mc,000
Id.	8 id. du soir.	0 ,27	29,754 ,000
28 id.	6 id. du matin.	0 ,26	19,296 ,000
id.	8 id. du soir.	0 ,26	26,258 ,400
29 id.	7 id. du matin.	0 ,25	20,037 ,600
id.	8 id. du soir.	0 ,25	22,978 ,800
30 id.	8 id. du matin.	0 ,24	20,584 ,800
id.	7 id. du soir.	0 ,24	18,295 ,200
1er juillet 1859.	6 id. du matin.	0 ,23	17,660 ,600
id.	8 id. du soir.	0 ,22	
2 id.	6 id. du matin.	0 ,23	
id.	8 id. du soir.	0 ,23	
3 id.	6 id. du matin.	0 ,23	
id.	8 id. du soir.	0 ,23	
4 id.	6 id. du matin.	0 ,23	
id.	8 id. du soir.	0 ,23	
5 id.	6 id. du matin.	0 ,23	
id.	8 id. du soir.	0 ,23	
6 id.	6 id. du matin.	0 ,23	
id.	8 id. du soir.	0 ,28	360,180 ,000
7 id.	6 id. du matin.	0 ,23	
id.	8 id. du soir.	0 ,23	
8 id.	6 id. du matin.	0 ,23	

DÉVERSOIR DU PETIT MOULIN DE DABO.

DATES.	HEURE de l'observation.	CHARGE du déversoir.	VOLUME de l'eau passée au déversoir.
8 juillet 1859.	8 heures du soir.	0m,23	
9 id.	6 id. du matin.	0 ,23	
id.	8 id. du soir.	0 ,23	
10 id.	6 id. du matin.	0 ,23	
id.	8 id. du soir.	0 ,23	
11 id.	5 id. du matin.	0 ,22	13,640mc,400
id.	8 id. du soir.	0 ,22	24,978 ,000
12 id.	5 id. du matin.	0 ,21	12,740 ,400
id.	8 id. du soir.	0 ,21	
13 id.	5 id. du matin.	0 ,21	
id.	8 id. du soir.	0 ,21	86,184 ,000
14 id.	5 id. du matin.	0 ,21	
id.	8 id. du soir.	0 ,21	
15 id.	5 id. du matin.	0 ,20	11,777 ,400
id.	8 id. du soir.	0 ,20	18,738 ,000
16 id.	5 id. du matin.	0 ,19	10,805 ,400
id.	8 id. du soir.	0 ,19	
17 id.	5 id. du matin.	0 ,19	
id.	8 id. du soir.	0 ,19	
18 id.	5 id. du matin.	0 ,19	
id.	8 id. du soir.	0 ,19	
19 id.	5 id. du matin.	0 ,19	
id.	8 id. du soir.	0 ,19	

DÉVERSOIR DU PETIT MOULIN DE DABO.

DATES.	HEURE de l'observation.	CHARGE du déversoir.	VOLUME de l'eau passée au déversoir.
20 juillet 1859.	5 heures du matin.	$0^m,19$	
id.	8 id. du soir.	0 ,19	238,464^{mc},000
21 id.	5 id. du matin.	0 ,19	
id.	8 id. du soir.	0 ,19	
22 id.	5 id. du matin.	0 ,19	
id.	8 id. du soir.	0 ,19	
23 id.	5 id. du matin.	0 ,19	
id.	8 id. du soir.	0 ,19	
24 id.	5 id. du matin.	0 ,19	
id.	8 id. du soir.	0 ,19	
25 id.	5 id. du matin.	0 ,25	13,138 ,200
id.	8 id. du soir.	0 ,24	25,731 ,000
26 id.	5 id. du matin.	0 ,23	14,531 ,400
id.	8 id. du soir.	0 ,23	23,490 ,000
27 id.	5 id. du matin.	0 ,22	13,640 ,400
id.	8 id. du soir.	0 ,22	21,978 ,000
28 id.	5 id. du matin.	0 ,20	12,214 ,800
id.	8 id. du soir.	0 ,20	18,738 ,000
29 id.	5 id. du matin.	0 ,19	10,805 ,400
id.	8 id. du soir.	0 ,19	27,648 ,000
30 id.	5 id. du matin.	0 ,19	34,479 ,000
id.	8 id. du soir.	0 ,38	22,096 ,800
31 id.	5 id. du matin.	0 ,22	21,978 ,000
id.	8 id. du soir.	0 ,22	

ARTICLE 4.

ÉTUDE DES RÉSULTATS OBSERVÉS.

1re *Pluie* (10 *juillet* 1858). *Tranche d'eau* = 0^m,0033.

La pluie commence à 4 heures du matin et se termine à 3 heures du soir; durée, 11 heures. Il est tombé 141,124^{mc},972 d'eau. L'influence de cette pluie, qui tombait après quelque temps de sécheresse, n'a pas été sensible. Il ne s'est manifesté aucune crue.

2e *Pluie* (12 *juillet* 1858). *Tranche d'eau* = 0^m,0074.

La pluie commence à 7 heures du matin pour finir à 2 heures du soir, c'est-à-dire qu'elle tombe pendant 7 heures. La quantité d'eau s'élève à 312,484^{mc},980. Au commencement de la pluie, le déversoir présentait une charge de 0^m,18, correspondant à un débit de 289 litres par seconde. La crue commence à 1 heure du soir, soit 6 heures après le commencement de la pluie ; elle demeure constante jusqu'à 6 heures du soir ; à partir de ce moment, elle diminue, et le lendemain à 6 heures du matin, on observe une circonstance très-singulière, l'étiage est plus faible qu'avant la pluie.

Depuis le commencement de la pluie jusqu'au moment où le débit est redevenu constant, il s'est écoulé, par le déversoir, 20,440^{mc},800. Si la charge du déversoir était restée la même qu'avant la pluie, il se serait écoulé 17,686^{mc},000. L'excès d'écoulement dû à la pluie, a donc été de 2,754^{mc},000 d'eau passée en 17 heures, soit 0^m,0088 de la quantité tombée.

Le rapport de la durée de la pluie à celle de l'écoulement, est de 0,3043.

Le coefficient de l'action inondante rapportée à celle d'un trottoir imperméable et suffisamment incliné, est donc 0,0088 × 0,411, soit 0,003676, c'est-à-dire, 277 fois plus petit.

————————

3° *Pluie* (17 *juillet* 1858) . *Tranche d'eau* = 0^m,0035.

La pluie commence à 5 heures du matin et finit à 8 heures du matin ; durée, 3 heures. Il est tombé 147,796^{mc},948 d'eau. La charge du déversoir était de 0^m,17, correspondant à un débit de 265 litres par seconde. La crue commence à 6 heures (1 heure après le commencement de la pluie) ; cette crue de 1 centimètre seulement se prolonge jusqu'à 6 heures du soir. A partir de ce moment, la charge diminue sur le déversoir ; le lendemain, à 5 heures du matin, l'étiage était devenu inférieur à ce qu'il était avant la pluie.

Depuis le commencement de la crue jusqu'au moment où le débit est redevenu constant, il est passé au déversoir un volume de 22,563^{mc},000 ; si le débit était resté le même qu'avant la pluie, il se serait écoulé 21,942^{mc},000. L'augmentation due à l'action de la pluie est de 621^{mc},000, soit 0,0042 du volume tombé. L'écoulement dure 20 heures.

Le coefficient d'action inondante devient 0,000630.

————————

4° *Pluie* (21 *juillet* 1858). *Tranche d'eau* = 0^m,0195.

La pluie commence le 21 à 8 heures du matin et cesse le 22 à 2 heures du matin. Elle dure donc 8 heures ; pendant ce délai, il tombe un volume de 826,649^{mc},452. La charge du déversoir était de 0^m,15, correspondant à un débit de 220 litres par seconde. La crue commence à midi, 4 heures après le commencement de la pluie ; elle atteint son maximum à 7 heures du soir, 11 heures après le commencement de la pluie et reste stationnaire jusqu'au lendemain à 6 heures du matin. Le débit est alors de 397 litres par seconde. A partir du 22 à 6 heures du matin, la crue commence à diminuer et le 23 à 7 heures du soir, elle a complétement cessé.

L'influence de la pluie se fait sentir pendant 55 heures. Pendant ce délai, il passe au déversoir un volume de 64,866^{mc},600. Si l'écoulement était resté constant, le volume passé au déversoir aurait été de 43,560^{mc},000; excès dû à l'action de la pluie, 21,306^{mc},60.

Le coefficient d'écoulement à la surface est de 0,0257.

Le coefficient d'action inondante est de 0,00372.

5e *Pluie* (24 *juillet* 1858). *Tranche d'eau* $= 0^m,0238$.

La pluie commence le 24 juillet à 9 heures du matin et finit le 25 à la même heure; durée, 24 heures; volume tombé, 1,008,093^{mc},436. La charge du déversoir était de 0^m,15, correspondant à un débit de 220 litres. La crue avait commencé dès 6 heures du matin, parce qu'il avait plu toute la nuit dans la haute montagne; l'étiage était alors de 0^m,16, correspondant à un débit de 242 litres. La crue atteint son maximum à 7 heures du soir, l'étiage est alors de 0^m,26, correspondant à un débit de 508 litres; presque immédiatement, elle commence à diminuer, et le 26 à 7 heures du soir, elle cesse de se faire sentir.

L'influence de la pluie agit pendant 61 heures, durant lesquelles il passe au déversoir 75,009^{me},600. Si le débit était resté constant, il se serait écoulé 48,312^{mc},000. La différence due à l'action de la pluie est 26,697^{mc},600.

Le coefficient d'écoulement est de 0,0264.

Le coefficient d'action inondante est de 0,010375.

Cette expérience doit être éliminée, attendu qu'au moment du commencement de la pluie au Jægerhoff, il avait déjà plu dans la haute montagne, partie alors dépourvue de pluviomètre.

6e Pluie (27 juillet 1858). Tranche d'eau = 0^m,0256.

La pluie commence le 27 juillet à 7 heures du soir et cesse le 28 à 5 heures du soir ; elle recommence à 11 heures du soir pour finir le 29 à 6 heures du matin. Elle dure donc 29 heures avec une interruption de 6 heures. La quantité totale d'eau tombée s'élève à $1,082,025^{mc},688$. La crue ne se manifeste que le 28, à 6 heures du matin, 11 heures après le commencement de la pluie. Avant la chute de cette dernière, l'étiage est de $0^m,15$; il atteint son maximum ($0^m,24$, correspondant à un débit de 451 litres) le 29 à 7 heures du matin et reste stationnaire jusqu'à 7 heures du soir. A partir de ce moment, il diminue et le cours d'eau reprend son débit normal le 7 août vers midi.

Pendant cet intervalle, il passe au déversoir un volume de $251,582^{mc},400$. Si l'étiage avait conservé la hauteur de $0^m,15$, il se serait écoulé dans le même temps un volume de $194,832^{mc},000$. La différence due à l'action de la pluie est donc de $56,750^{mc},400$, soit 0,0524 de la quantité totale de l'eau tombée. Cette différence étant répartie sur 246 heures, le coefficient d'action inondante devient 0,00613.

7ᵉ Pluie (14 août 1858). Tranche d'eau $= 0^m,0023$.

La pluie commence à 4 heures du soir et finit le même jour à 8 heures du soir. Elle dure 4 heures ; pendant ce délai, il tombe un volume de $100,805^{mc},964$. Étiage avant la pluie, $0^m,15$. La crue se manifeste à 7 heures du soir ($0^m,16$), elle demeure constante jusqu'au lendemain à 7 heures du soir ; à partir de ce moment, elle diminue et reprend son étiage primitif le 16 à 6 heures du matin. Dans cet intervalle, il passe au déversoir un volume de $30,056^{mc},400$; si l'étiage n'avait pas changé, il serait passé seulement un volume de $27,720^{mc},000$. L'excès d'écoulement dû à l'action de la pluie est de $2,336^{mc},400$ répartis sur 35 heures.

Le coefficient d'écoulement à la surface est de 0,0231.

Le coefficient d'action inondante est de 0,00263.

8ᵉ Pluie (19-20 août 1858). Tranche d'eau $= 0^m,0240$.

La pluie commence le 19 à 8 heures du matin et dure jusqu'à 7 heures du soir. Elle reprend le 20 à 3 heures du soir et dure jusqu'au 21 à 2 heures du matin, en tout 24 heures de pluie ; volume tombé : $1,015,539^{mc},020$. La charge initiale du déversoir est de $0^m,15$. La crue se manifeste le 19 à 1 heure du soir, 7 heures après le commencement de la pluie ; elle atteint son maximum ($0^m,21$) à 6 heures du soir et rétrograde immédiatement ; mais sous l'influence de la seconde pluie, l'étiage remonte à $0^m,20$ le 21 à 6 heures du matin ; à partir de ce moment, le flot diminue et le débit devient normal le 23 à 7 heures du soir.

Pendant ce délai, il passe au déversoir $102,666^{mc},600$; si l'étiage était resté constant, il se serait écoulé un volume de

80,784^{mc},000. L'excès d'écoulement est donc de 21,882^{mc},600 répartis sur 100 heures.

Le coefficient d'écoulement à la surface est de 0,0215.

Le coefficient d'action inondante est de 0,00516.

9e *Pluie* (25 *août* 1858). *Tranche d'eau* $= 0^m,0167$.

La pluie commence le 24 dans la haute montagne, car ce même jour le déversoir accuse une augmentation de $0^m,01$ à 7 heures du soir ; dans la partie basse, elle ne commence que le 25 à 3 heures du soir et dure jusqu'à 7 heures ; elle reprend à 10 heures du soir et ne se termine que le 26 à 3 heures du soir. L'influence de cette pluie n'est pas encore épuisée qu'une nouvelle pluie recommence le 27 à 6 heures du soir pour cesser le 28 à 6 heures du soir. Durée totale de la pluie, 33 heures ; il tombe un volume de 705,645^{mc},132.

Ces chiffres se rapportent aux phénomènes météorologiques qui se sont passés dans les parties inférieures, car dans la haute montagne (alors dépourvue de pluviomètre), la pluie n'a pas discontinué, pour ainsi dire, depuis le 24 jusqu'au 29.

La crue qui se manifeste dès le 24 à 7 heures du soir atteint son maximum le 25 à 8 heures du soir (0,22 correspondant à un débit de 397 litres) ; elle reste stationnaire jusqu'au 26 à 5 heures du matin. A partir de ce moment, le flot décroît jusqu'au 30 à 7 heures du soir, moment où le cours d'eau reprend son étiage primitif. Pendant ce délai, il passe au déversoir un volume de 150,148^{mc},800 ; si l'étiage était demeuré constant, il se serait écoulé seulement un volume de 114,048^{mc},000.

La différence est de 36,100^{mc},800 à répartir sur 144 heures.

Le coefficient d'écoulement superficiel est de 0,0511.

Le coefficient d'action inondante est de 0,012066.

A raison des circonstances signalées ci-dessus, cette expérience doit être éliminée dans le calcul du coefficient général d'action inondante.

REMARQUE. L'étiage maximum durant le mois d'août 1858 a été de 0^m,22 correspondant à un débit de 397 litres à la seconde ; l'étiage minimum de 0^m,15 correspondant à un débit de 220 litres.

10e *Pluie* (5-9 *septembre* 1858). *Tranche d'eau* $= 0^m,0166$.

La pluie commence le 5 septembre à 5 heures du soir et finit le même jour à 10 heures du soir ; elle dure par conséquent 5 heures, il tombe   248,721^{mc},153. L'étiage initial est 0^m,15. La crue se manifeste 2 heures après le commencement de la pluie et atteint une hauteur maximum de 0^m,17 ; pendant son mouvement rétrograde, de nouvelles pluies surviennent, savoir : le 7, de 6 heures à 10 heures du matin ; à cette durée de 4 heures correspond une chute de 208,182^{mc},561 ; le 8, de 1 heure à 4 heures du matin, à cette durée de 3 heures correspond une chute de 168,066^{mc},246 ; le 8, de 11 heures du soir au 9 à 5 heures du matin, à cette durée de 6 heures correspond un volume de 77,276^{mc},691, en tout 18 heures de pluie produisant un volume de 702,246^{mc},651. L'étiage augmente sous l'influence de la deuxième pluie, et le 7 à 8 heures du matin, c'est-à-dire, 2 heures après le commencement de la pluie, il accuse une charge de 0^m,18. A partir de ce moment, l'étiage diminue, mais la troisième pluie le fait remonter à 0^m,18, le 9 à 5 heures du soir. Il décroît et redevient constant le 10 à 5 heures du soir. Pendant la totalité de ce délai, il s'écoule un volume de 111,895^{mc},200 ; si l'étiage avait conservé sa hauteur initiale , il serait passé au déversoir un volume de 93,456^{mc},000. L'excès dû à l'action de la pluie s'élève à 18,439^{mc},200 qu'il faut répartir sur 120 heures.

Le coefficient d'écoulement superficiel est de 0,0262.

Le coefficient d'action inondante est de 0,003930.

11e *Pluie* (18 *septembre* 1858). *Tranche d'eau* = 0^{m},0041.

La pluie commence le 17 à 11 heures du soir et finit le 18 à 3 heures du soir : durée 16 heures. Il tombe un volume de 176,205^{mc},212 ; l'étiage initial est 0^{m},15. La crue commence le 18 vers 8 heures du matin (9 heures après le commencement de la pluie) ; son maximum est de 0^{m},02 ; le lendemain 19, à 7 heures du matin, l'étiage redevient normal.

Pendant ce délai, il passe au déversoir 19,422^{mc},000 ; si l'étiage était demeuré le même qu'avant la pluie, le volume passé aurait été de 18,216^{mc},000 ; l'excès dû à l'action de la pluie s'élève à 1,206^{mc},000 répartis sur 23 heures.

Le coefficient d'écoulement superficiel est de 0,0068.

Le coefficient d'action inondante est de 0,004730.

12e *Pluie* (23-24 *septembre* 1858). *Tranche d'eau* = 0^{m},165.

Une première pluie dure de 4 heures du matin à 2 heures du soir, le 23 septembre ; une seconde pluie tombe à partir de 7 heures du matin jusqu'à 5 heures du soir, le 24. En tout 20 heures de pluie avec une interruption de 17 heures. Le volume de la chute s'élève à 697,437^{mc},759. L'étiage initial est de 0^m,15. La crue commence le 23 à 7 du matin, 3 heures après le commencement de la pluie ; elle atteint son maximum (0^m,18) le 24 à 4 heures du soir ; elle reste stationnaire jusqu'au 25 à 6 heures du matin et cesse le 26 à 6 heures du soir.

Pendant ce délai, il passe au déversoir 76,876^{mc},200 ; l'étiage initial aurait fourni dans le même temps une dépense de 64,944^{mc},000.

L'excès est de 11,932^{mc},200 à répartir sur 85 heures.

Le coefficient d'écoulement superficiel est de 0,0171.

Le coefficient d'action inondante est de 0,004024.

REMARQUE. Durant le cours du mois de septembre 1858, l'étiage minimum est de 0^m,14 correspondant à un débit de 198 litres par seconde ; l'étiage maximum est de 0^m,18 correspondant à un débit de 289 litres. La quantité totale de l'eau tombée est de 1,575,889^{mc},622 ; la quantité totale de l'eau passée au déversoir et de 600,659^{mc},000, soit 38 p. % du volume de l'eau tombée.

13e *Pluie* (1er *octobre* 1858). *Tranche d'eau* = 0^m,0106.

La pluie commence le 30 septembre à 5 heures du matin et finit le même jour à 5 heures du soir. Elle revient le 1er octobre à 6 heures du matin pour cesser le même jour à 3 heures du soir. En tout, la pluie dure 17 heures et fournit 450,432^{mc},740. La crue devient sensible le 1er octobre à 7 heures du matin, 22 heures après le commencement de la pluie ; elle atteint son maximum le même jour à 5 heures du soir, reste stationnaire jusqu'au 2 à 7 heures du matin, et se termine le même jour à 5 heures du soir. Pendant ce délai, il s'écoule 31,212^{mc},000 ; si l'étiage était resté le même , il serait passé au déversoir un volume de 26,928^{mc},000.

L'excès d'écoulement dû à la pluie est de 4,284^{mc},000, à répartir sur 34 heures.

Le coefficient d'écoulement superficiel est de 0,0095.

Le coefficient d'action inondante est de 0,00475.

14e *Pluie (5 octobre 1858). Tranche d'eau* = 0^{m}0025.

Pluie de 5 heures du matin à 5 heures du soir ; elle dure par conséquent 12 heures à partir du moment où elle commence dans la haute montagne et fournit 107,360^{mc},781. La crue devient sensible le 6 à 7 heures du matin et se soutient jusqu'à 5 heures du soir ; elle cesse le 7 vers 7 heures du matin.

Pendant ce délai, il passe au déversoir un volume de 20,354^{mc},400 ; si l'étiage initial était demeuré constant, il se serait écoulé un volume de 19,008^{mc},000. Différence due à l'action de la pluie : 1,346^{mc},400 à répartir sur 24 heures.

Le coefficient d'écoulement à la surface est de 0,0125.

Le coefficient d'action inondante est de 0,00625.

15e *Pluie (8-12 octobre 1858). Tranche d'eau* = 0^m,0476.

La pluie commence le 8 à 7 heures du matin et dure jusqu'au 9 à 5 heures du soir, c'est-à-dire pendant 34 heures ; elle fournit 1,202,785^{mc},701. L'étiage initial est de 0^m,15. La crue se manifeste le 8 à 5 heures du soir, elle atteint son maximum (0^m,18) le 9 à 6 heures du matin, reste stationnaire jusqu'à 5 heures du soir et commence son mouvement de retour. L'influence de cette pluie n'est pas encore épuisée qu'il survient deux pluies nouvelles, savoir : le 11 octobre, de 3 heures à 10 heures du matin ; le 12, depuis 3 heures du matin jusqu'au 13 à 7 heures du matin ; ces deux pluies fournissent 814,452^{mc},400. Les trois pluies réunies durent 69 heures et donnent un volume de 2,017,238^{mc},105. Sous l'influence des deux dernières pluies, l'étiage remonte à 0^m,18 le 12 à 7 heures du matin ; le flot décroît ensuite et le débit redevient normal le 14 à 7 heures du matin.

Pendant ce délai, il passe au déversoir un volume de 123,809^{mc},400. Si le débit était resté égal à la dépense initiale, il se serait écoulé un volume de 106,128^{mc},400. La différence due à l'action de la pluie est donc de 17,681^{mc},000, à répartir sur 134 heures.

Le coefficient d'écoulement superficiel est de 0,0087.

Le coefficient d'action inondante est de 0,004479.

16e *Pluie* (20 – 29 *octobre* 1858). { 20, 21 *et* 24 *octobre* = 0^m,0097.
Tranche d'eau { 28 *et* 29 *octobre* = 0^m,0103.

Les pluies qui surviennent le 20, le 21 et le 24 octobre, n'exercent aucune influence sur le déversoir à cause de la gelée qui les suit. Elles donnent ensemble un volume de 410,717^{mc},967. Le 28, à 3 heures du soir, la pluie recommence et dure 24 heures, pendant lesquelles il tombe 436,845^{mc},978.

Sous l'influence de la gelée, l'étiage descend d'abord à 0^m,13 ; le 28 octobre le dégel survient avec la pluie ; la crue ne devient manifeste que le 29 à 8 heures du matin ; l'étiage arrive à 0^m,17, chiffre qui n'est point dépassé. Cette même hauteur se soutient jusqu'à 4 heures du soir ; la crue commence alors son mouvement de retour, et le 30 à 8 heures du matin le débit devient normal et constant à 0m,15.

Depuis le commencement de la crue, il s'écoule 34,329mc,600; si l'étiage était resté normal (même en prenant seulement le terme de 0m,13 auquel la Zorn était descendue accidentellement sous l'influence de gelées répétées), il se serait écoulé 15,292mc,800. L'excès dû à la pluie et au dégel est de 19,036mc,800, à répartir sur 24 heures.

Si l'on ne tient compte que du temps de la pluie qui accompagne le dégel, et que l'on fasse entrer dans le calcul le volume de toutes les pluies, on trouve pour coefficient d'écoulement superficiel 0,0224 et pour coefficient d'action inondante le même chiffre 0,0224.

Remarque. — Pendant le mois d'octobre 1858, il est tombé une masse de 3,422,595mc,571 ; le volume *total* passé au déversoir s'est élevé à 583,221mc,400, soit 17 p. % du volume total de l'eau tombée. L'étiage maximum est de 0m,18, correspondant à un débit de 289 litres, et l'étiage minimum est de 0m,13, correspondant à un débit de 177 litres par seconde.

Neige.

Le 4 novembre 1858, à 5 heures du soir, la neige commence à tomber et cesse le 5 à 6 heures du soir ; elle tombe en outre le 5 à 11 heures du soir jusqu'au 6 à minuit, et le 7 depuis midi jusqu'à 2 heures ; en tout 40 heures de neige. L'influence de cette neige n'est point sensible au déversoir à cause de la gelée.

17ᵉ *Pluie* (13-19 *novembre* 1858). *Tranche d'eau* $= 0^m,1158$.

Le 13 novembre, la pluie commence à 3 heures du soir et dure jusqu'au 15 à 5 heures du matin ; elle reprend le même jour à 9 heures du soir et tombe jusqu'au 18 à trois heures du soir ; enfin, elle recommence le 18 à 10 heures du soir et finit le 19 à 6 heures du matin. Le volume total de l'eau tombée est de $4,892,551^{mc},831$. (Dans ce total est comprise l'eau provenant de la neige tombée du 4 au 7 novembre.)

Cette pluie est intéressante à étudier, parce qu'elle coïncide avec un dégel qui amène la fonte de la neige tombée du 4 au 7 novembre. Elle règne pendant 112 heures, avec deux interruptions, l'une de 21 heures, l'autre de 7 heures. L'étiage initial est $0^m,16$.

La crue commence à se faire sentir le 14 à 8 heures du matin, soit 17 heures après le commencement de la pluie et du dégel ; après quelques alternatives, l'étiage arrive à son maximum $0^m,36$ le 19 à 7 heures du matin (113 heures après le commencement de la pluie). Il reste stationnaire jusqu'à 10 heures du matin ; à partir de ce moment, il diminue et devient normal à $0^m,19$, le 23 à 7 heures du matin (233 heures après le commencement de la pluie).

Depuis le commencement de la crue, il s'est écoulé un volume de $268,153^{mc},000$; si l'étiage était resté constant à $0^m,16$, il serait passé au déversoir un volume de $187,308^{mc},000$. L'excès dû à l'action de l'eau de la pluie et de l'eau provenant de la fonte des neiges est de $80,845^{mc},000$, à répartir sur 215 heures.

Le coefficient d'écoulement superficiel est de 0,0165.

Le coefficient d'action inondante est de 0,008594.

18ᵉ *Pluie (26-30 novembre 1858). Tranche d'eau* $= 0^m,0275$.

A la suite des pluies que nous venons d'étudier survient une forte gelée. Le dégel se produit le 26 novembre. Sous l'influence de ce dégel, l'étiage augmente de $0^m,01$ et s'élève à $0^m,20$. Diverses pluies tombent les 26, 27, 28, 29 et 30 novembre, et fournissent un volume de $1,161,953^{mc},562$. Mais à cause des alternatives de pluie et de gelée, l'étiage reste à la même hauteur jusqu'au 30 à 7 heures du matin, époque à laquelle il commence à diminuer. Il n'est donc point possible de calculer le coefficient d'écoulement superficiel et le coefficient d'action inondante qui correspondent aux pluies précitées.

REMARQUE. — Durant le mois de novembre 1858, il est tombé un volume total de $6,054,505^{mc},893$; le volume *total* de l'écoulement est de $790,253^{mc},400$, soit 13 p. % de la quantité d'eau tombée. L'étiage minimum est de $0^m,14$, correspondant à un débit de 198 litres par seconde ; l'étiage maximum est de $0^m,36$, correspondant à un débit de 696 litres.

19ᵉ *Pluie (1ᵉʳ-3 décembre 1858). Tranche d'eau* $= 0^m,0067$.

Depuis le 1ᵉʳ décembre jusqu'au 3 du même mois, différentes pluies produisent un volume de $283,235^{mc},117$. Elles restent sans influence sur l'étiage qui continue à décroître avec quelques légères recrudescences le 7 et le 12, par suite de dégels.

20ᵉ Pluie (19-29 décembre 1858). Tranche d'eau $= 0^m,1036$.

La pluie, accompagnée du dégel, commence le 19 à 11 heures du matin, elle se prolonge jusqu'au 20 à 6 heures du soir. Elle reprend le 21 à 11 heures du soir et dure jusqu'au 22 à 11 heures du soir; elle recommence encore le 23 à 7 heures du matin et ne cesse que le 28 à 3 heures du soir; enfin, il pleut encore le 29, de 4 heures à 7 heures du matin. En tout 186 heures de pluie avec trois interruptions, la première de 29 heures, la seconde de 8 heures et la troisième de 11 heures. Il tombe 4,377,226ᵐᶜ,879 ; à partir du 29, la pluie est remplacée par la neige sur les hautes montagnes.

L'étiage initial est de $0^m,16$. La crue commence à se manifester le 19 à 4 heures du soir (5 heures après le commencement de la pluie et du dégel). Elle augmente et atteint son maximum le 29 à 8 heures du matin, 237 heures après le commencement de la pluie. Elle demeure stationnaire jusqu'à 4 heures du soir et prend son mouvement de retour jusqu'au 23 janvier 1859, moment où l'étiage devient constant à $0^m,18$. Pendant ce mouvement de décroissance, il se produit un fait remarquable : l'abaissement du flot n'est pas interrompu par les deux pluies suivantes.

21ᵉ Pluie (4-13 janvier 1859). Tranche d'eau $= 0^m,0140$.

Une première pluie tombe le 4 janvier de 1 heure à 5 heures du soir, et produit un volume de......... 100,810ᵐᶜ,610

Une seconde pluie commence le 12 à 11 heures du matin et finit le 13 à 10 heures du matin; elle fournit................... 490,611 ,637

Total......... 591,422ᵐᶜ,247

En résumé, depuis le commencement de la crue, il passe au déversoir une masse de 1,227,276^{mc},000. Si l'étiage était resté constant à 0^{m},16, il se serait écoulé seulement un volume de 742,809^{mc},600. La différence ou l'excès d'écoulement dû à l'action de la pluie s'élève donc à 484,466^{mc},400, à répartir sur 34 jours et 16 heures.

Le coefficient d'écoulement superficiel est de 0,0970.

Le coefficient d'action inondante est de 0,024676.

Nota. Nous serions en droit de tenir compte des pluies survenues dans les derniers jours de novembre et les premiers jours de décembre 1858 : ces pluies n'ont exercé sur l'étiage aucune influence *immédiate* par suite de l'effet de la gelée. Après le dégel du 19 décembre, l'eau, d'abord arrêtée dans son cours, a produit une action qui tend à réduire les deux coefficients précités ; mais nous préférons admettre l'hypothèse la plus défavorable aux sols boisés, et ne comparer le volume de l'écoulement qu'à celui des pluies ultérieures.

22e *Pluie* (23 *janvier - 4 février* 1859). *Tranche d'eau* $= 0^{m},0617$.

Le 23 janvier 1859, à 3 heures du matin, commence une série de pluies :

Le 23, à 3 heures du matin jusqu'à 8 heures du matin, 5 heures de pluie................... 77,288^{mc},143

Le 24, de 1 heure du matin à 8 heures du matin, 7 heures de pluie............. 219,798 ,429

Le 26, de 6 heures du matin à 8 heures du soir, 14 heures de pluie............. 200,642 ,734

A reporter... 497,729^{mc},306

Report...	497,729^mc,306
Le 27, de 1 heure du matin à 8 heures du matin, 7 heures de pluie.............	175,565 ,885
Le 28, de 5 heures du matin au 29 à 11 heures du matin, 30 heures de pluie...	848,698 ,928
Le 30, de 4 heures du matin à 10 heures du matin, 6 heures de pluie.........	144,495 ,208
Le 30, à 10 heures du soir jusqu'au 31 à 4 heures du soir, 18 heures de pluie...	536,109 ,646
Le 2 février, de 10 heures du matin à 5 heures du soir, 7 heures de pluie......	258,747 ,233
Le 3 février, de 5 heures à 10 heures du matin, 5 heures de pluie.............	144,495 ,208
En tout 99 heures de pluie produisant	2,605,841^mc,404

La crue ne devient sensible que le 26 à 3 heures du matin (71 heures après le commencement de la pluie); elle atteint son maximum le 1er février à 8 heures du matin (221 heures après le commencement de la pluie); elle reste stationnaire jusqu'à 4 heures du soir; enfin, elle prend son mouvement de retour qu'elle termine le 10 février à 8 heures du matin, époque où le débit devient constant.

Depuis le commencement de la crue, il passe au déversoir un volume de 662,608^mc,000; si l'étiage n'avait pas changé, il se serait écoulé 383,616^mc,000. L'excès dû à l'action de la pluie est donc de 278,992^mc,000 à répartir sur 360 heures.

Le coefficient d'écoulement superficiel est de 0,107.

Le coefficient d'action inondante est de 0,029425.

23ᵉ Pluie (10 février - 8 mars 1859). Tranche d'eau = 0ᵐ,0970.

Série de pluies réparties de la manière suivante :

Le 10 février, à 4 heures du soir au 11 à 10 heures du soir, 31 heures de pluie produisant 699,333ᵐᶜ,726

Le 12, de 4 heures à 8 heures du matin, 4 heures de pluie produisant . . . . 82,158 ,128

Le 13, de 8 heures du soir au 14 à 9 heures du matin, 13 heures de pluie produisant. . . . . 437,746 ,145

Le 15, de 4 heures à 10 heures du matin, 6 heures de pluie produisant. . . . . 201,621 ,220

Le 16, de 1 heure du matin au 17 à 4 heures du matin, 27 heures de pluie produisant. . . . . 395,023 ,242

Le 17, de 8 heures du matin au 18 à 10 heures du matin, 26 heures de pluie produisant. . . . . 729,213 ,469

Le 19, de 8 heures du matin à midi, 4 heures de pluie produisant. . . . . 73,927 ,781

L'influence de ces pluies n'est pas encore épuisée, lorsque le 27 survient une pluie nouvelle qui dure :

Du 27, à 1 heure du matin au 28 à 10 heures du matin, 33 heures de pluie fournissant. . . . . 589,515 ,007

Du 4 mars à 7 heures du soir au 6 à 4 heures du matin, 33 heures de pluie fournissant. . . . . 822,688 ,391

A reporter . . . 4,031,227ᵐᶜ,109

Report... 4,031,227^{mc},109

Du 8, à 4 heures du matin jusqu'à 7 heures

du matin, 3 heures de pluie fournissant   67,207 ,073

En tout 180 heures de pluie donnant une

masse d'eau de.................... 4,098,434^{mc},182

La crue se manifeste le 11 février à 8 heures du matin (16 heures après le commencement de la pluie). Elle atteint son maximum le 27 à 8 heures du matin (400 heures après le commencement de la pluie); elle reste stationnaire jusqu'à 4 heures du soir; à partir de ce moment, elle diminue et le débit devient constant le 9 mars à 8 heures du matin.

Depuis le commencement de la crue, il passe au déversoir un volume de 1,173,570^{mc},600 ; si l'étiage initial n'avait pas varié, il se serait écoulé 1,014,768^{mc},000 ; la différence ou l'excès dû à l'action de la pluie est de 158,802^{mc},600, à répartir sur 624 heures.

Le coefficient d'écoulement superficiel est de 0,0387.

Le coefficient d'action inondante est de 0,0113.

24e *Pluie* (13-18 *mars* 1859). *Tranche d'eau* = 0^m,0079.

La pluie commence le 13 mars à 7 heures du matin et finit le même jour à 10 heures du matin, soit 5 heures de pluie produisant........................ 20,482^{mc},686

Elle recommence le 15 à 7 heures du soir, finit le 16 à 4 heures du matin, reprend le 16 à 8 heures du soir pour cesser le 17 à deux heures du matin; en tout 15 heures de pluie donnant......... 289,590 ,325

A reporter... 310,073^{mc},011

Report ...	310,073^{mc},011

Elle tombe encore du 18 à 7 heures du soir au 19 à 3 heures du matin, soit 8 heures de pluie donnant................   23,408 ,784

En tout 28 heures de pluie produisant..   333,481^{mc},795

La crue commence le 13 mars à 8 heures du matin, une heure après le commencement de la pluie, par suite du dégel. Elle atteint son maximum le 15 à 8 heures du matin (49 heures après le commencement de la pluie); elle reste stationnaire jusqu'au 16 à 4 heures du soir; elle décroît, et le 18 à 8 heures du matin, l'étiage redevient normal.

Depuis le commencement de la crue, il passe au déversoir un volume de 218,188^{mc},800. Si l'étiage était resté constant, il se serait écoulé 199,584^{mc},000; l'excès dû à l'action de la pluie est donc de 18,604^{mc},800, à répartir sur 120 heures.

Le coefficient d'écoulement superficiel est de 0,0557.

Le coefficient d'action inondante est de 0,012994.

———

25e *Pluie* (24-26 *mars* 1859). *Tranche d'eau* = 0^m,0211.

La pluie commence le 24 mars à 8 heures du matin et dure jusqu'au 26 à 7 heures du matin. Elle revient à 10 heures du matin et cesse le 27 à 2 heures du matin.

En tout 63 heures de pluie produisant un volume de 890,581^{mc},260.

La crue ne devient sensible que le 25 à 8 heures du matin (24 heures après le commencement de la pluie); elle atteint son maximum le 26 à 8 heures du matin (48 heures après le commencement de la pluie); elle reste stationnaire jusqu'à 4 heures du soir, et le 28, à 8 heures du matin, la Zorn reprend son étiage antérieur.

Depuis le commencement de la crue, il s'est écoulé 86,601^{mc},600. Si l'étiage était demeuré constant, le volume passé aurait été de 79,633^{mc},600. L'excès dû à la pluie est de 6,968^{mc},000, à répartir sur 72 heures.

Le coefficient d'écoulement superficiel est de 0,0078.

Le coefficient d'action inondante est de 0,06826.

Nota. Ces coefficients seraient probablement plus forts sans l'action successive de la gelée et du dégel ; c'est ainsi que l'influence seule de ce dernier suffit pour donner à l'étiage une hauteur de 0^m,28 le 31 mars, tandis que sous l'influence de la pluie étudiée ci-dessus, l'étiage n'avait pas dépassé 0^m,26.

Cette expérience doit donc être éliminée dans le calcul du coefficient général d'action inondante.

———

20e *Pluie* (8-11 *avril* 1859).

La pluie commence le 8 avril à 8 heures du matin et cesse le 10 à 11 heures du matin. La durée est de 51 heures, pendant lesquelles il est tombé 1,221,454^{mc},011.

La crue se manifeste le 9 à 8 heures du matin (24 heures après le commencement de la pluie); elle se soutient jusqu'au 12 à 8 heures du matin, sous l'influence d'une légère pluie survenue le 11, de 3 heures à 7 heures du matin', et produisant 34,106^{mc},750.

Depuis le commencement de la crue, le volume passé au déversoir est de 173,692^{mc},800; si l'étiage était resté constant, il se serait écoulé 165,052^{mc},800 ; différence 8,640^{mc},000, à répartir sur 72 heures.

La durée des deux pluies réunies est de 55 heures.

Le coefficient d'écoulement à la surface est de 0,0068.

Le coefficient d'action inondante est de 0,005193.

27e *Pluie* (12 *avril* 1859).

A partir du 12 avril 1859 commence une série de pluies à peine interrompues, savoir :

Du 12, à 10 heures du matin, au 13 à 10 heures du soir, 36 heures de pluie..................   744,434^{mc},782

Du 14, à 1 heure du matin, au 14 à 6 heures du soir, 17 heures de pluie....   198,974 ,669

Du 15, à 4 heures du matin, au 16 à 2 heures du matin, 22 heures de pluie.
Pluie et neige persistante.

Du 16, à 6 heures du matin, au 17 à 3 heures du matin, 21 heures de pluie.
Pluie et neige persistante.

Le 17, de 2 heures à 5 heures du soir, 3 heures de pluie. Pluie et neige persistante.

Le 19, de 2 heures du matin à 7 heures du matin, 5 heures de pluie. Pluie qui occasionne la fonte de la neige; volume total ....   851,462 ,904

Du 20 à 1 heure du matin au 22 à 10 heures du matin, 57 heures de pluie.
Pluie et neige persistante.

Du 23, à 6 heures du matin au 23 à 7

A reporter...   1,774,872^{mc},355

Report... 1,774,872^{mc},355

heures du soir, 13 heures de pluie et
neige persistante.

Le 25, de 2 heures du soir à six heures du
soir, 4 heures de pluie qui occasionne la
fonte de la neige ; volume total....... 1,773,412 ,629

Total........ 3,548,284 ,984

Sous l'influence de ces pluies répétées, qu'il n'est possible
d'étudier que dans leur ensemble, la crue se manifeste le 13
à 8 heures du matin, 22 heures après le commencement de la
pluie, et arrive à son maximum le 24 à 8 heures du matin,
11 jours après le commencement de la pluie et 5 jours après
la première fonte de neige. Ce maximum n'est point dépassé
malgré la fonte de neige du 25. A partir du 27 à 4 heures du
soir, l'étiage commence à diminuer, et ici se présente un fait
des plus remarquables; en effet, du 28 à 7 heures du soir au
29 à 6 heures du matin, 11 heures de
  pluie, il tombe.................... 436,553^{mc},353
Du 30, à 9 heures du soir au 1er mai à 8
  heures du soir, 23 heures de pluie, il
  tombe........................... 454,889 ,007
Du 2 mai, à 3 heures du matin au 2 mai à
  6 heures du soir, 15 heures de pluie, il
  tombe........................... 459,965 ,859

Total....... 1,331,408^{mc},219

Malgré la chute de cette masse d'eau, le débit du déversoir
ne cesse pas de décroître jusqu'au 4 à 8 heures du matin,
moment où commencent de nouvelles pluies.

Pendant tous ces délais, il passe au déversoir un volume de
1,844,496^{mc},000 ; si l'étiage était resté constant, il se serait

écoulé un volume de 1,050,646^{mc},800 ; la différence due à l'action de la pluie est de 793,849^{mc},200, à répartir sur 528 heures.

Le coefficient d'écoulement à la surface est de 0,1626.

Le coefficient d'action inondante est de 0,069902.

28e *Pluie (4 mai 1859).*

La pluie commence le 4 mai à 2 heures du soir et cesse le 5 à 8 heures du soir ; elle dure 30 heures, pendant lesquelles il tombe un volume de 1,621,319^{mt},379.

La crue se manifeste presque aussitôt (sans doute à raison de l'état humide du terrain) ; elle atteint son maximum le 5 à 6 heures du matin, 16 heures après le commencement de la pluie. Elle diminue ensuite jusqu'au 14 à 6 heures du matin, moment où le débit devient normal.

Depuis le commencement de la pluie, il passe au déversoir un volume de 964,011^{mc},600 ; si l'étiage était resté constant, il se serait écoulé 819,957^{mc},600 ; différence 144,054^{mc},000, à répartir sur 230 heures.

Le coefficient d'écoulement superficiel est de 0,0888.

Le coefficient d'action inondante est de 0,011579.

29e *Pluie (14-19 mai 1859).*

La pluie commence le 14 mai à 1 heure du soir et finit à 2 heures du soir. Elle reprend le 15 à 7 heures du soir et finit le 19 à 11 heures du matin. En tout 89 heures de pluie fournissant 2,866,113^{mc},173.

La première pluie n'exerce sur l'étiage aucune influence sensible; l'action de la seconde se manifeste le 16 à 5 heures du soir, 22 heures après le commencement de la pluie. La crue atteint son maximum le 17 à 5 heures du soir, 46 heures après le commencement de la pluie. A partir de ce moment, elle diminue jusqu'au 19 à 5 heures du soir; une gelée relativement forte qui survient interrompt l'écoulement, et ce dernier ne se termine qu'après une durée totale de 126 heures.

Depuis le commencement de la pluie, il passe au déversoir 338,591^{mc},500; si l'étiage était demeuré constant, il se serait écoulé 238,204^{mc},800; différence 100,386^{mc},700.

Le coefficient d'écoulement superficiel est de 0,0350.

Le coefficient d'action inondante est de 0,024720.

———

50° *Pluie* (25-31 *mai* 1859).

La pluie tombe le 25 mai de 10 heures du matin à midi, et de 4 heures du soir au 26 à 2 heures du matin; 14 heures de pluie.

Elle reprend le 26 à 11 heures du matin jusqu'à 2 heures du soir, et de 3 heures du soir au 27 à huit heures du matin; 20 heures de pluie.

Le 27, de 5 heures du soir au 28 à 6 heures du matin; 13 heures de pluie.

Le 28, de 10 heures du matin au 29 à 6 heures du matin, 20 heures de pluie.

Le 29, de 2 heures du matin à 8 heures du matin et de 7 heures à 8 heures du soir; 7 heures de pluie.

En tout, 74 heures de pluie fournissant 1,595,458^{mc},840.

La crue se manifeste le 25 à midi, 2 heures après le commencement de la pluie; elle atteint son maximum le 26 à midi; reste stationnaire jusqu'à 5 heures du soir, et décroît constamment jusqu'au 31 à 6 heures du matin, avec une légère fluctuation survenue le 28.

Depuis le commencement de la crue, il s'écoule 586,117^{mc},800; si l'étiage était resté constant, il serait passé au déversoir un volume de 544,989^{mc},600. Différence due à l'action de la pluie, 41,128^{mc},200, à répartir sur 158 heures.

Le coefficient d'écoulement superficiel est de 0,0257.

Le coefficient d'action inondante est de 0,013780.

31e *Pluie* (31 *mai* 1859).

La pluie commence le 31 mai à 4 heures du soir et finit le même jour à 9 heures du soir, soit 5 heures de pluie, fournissant 569,119^{mc},971.

La crue se produit le 1er juin à 5 heures du soir, soit 25 heures après le commencement de la pluie; elle diminue immédiatement et l'étiage devient constant le 2 juin à 6 heures du matin.

Depuis le commencement de la crue, il s'écoule 87,134^{mc},400. Si l'étiage était resté constant, il se serait écoulé 82,684^{mc},800. Différence, 4,449^{mc},600, à répartir sur 13 heures.

Le coefficient d'écoulement superficiel est de 0,0078.

Le coefficient d'action inondante est de 0,002999.

Le 2 et le 3 juin, il tombe des pluies insignifiantes qui n'exercent pas d'action sensible sur l'étiage.

52e *Pluie* (4 *juin* 1859).

La pluie commence le 4 juin à 7 heures du soir et cesse le 6 juin à 1 heure du matin: elle dure 30 heures et fournit 850,432^{mc},234. La crue se manifeste le 5 à 7 heures du matin, 12 heures après le commencement de la pluie; elle atteint son maximum à 6 heures du soir, 23 heures après le commencement de la pluie, et diminue jusqu'au 6 à 7 heures du soir, moment où le débit devient constant.

Depuis le commencement de la crue, il passe au déversoir un volume de 173,192^{mc},400; si l'étiage était resté le même, il se serait écoulé 153,000^{mc},000. Différence due à l'action de la pluie, 20,192^{mc},000, à répartir sur 36 heures.

Le coefficient d'écoulement superficiel est de 0,0237.

Le coefficient d'action inondante est de 0,01974.

53e *Pluie* (6 *juin* 1859).

La pluie commence le 6 à 8 heures du soir et dure jusqu'au 7 à 1 heure du soir; soit 17 heures de pluie fournissant 486,004^{mc},397.

La crue devient manifeste le 7 vers 7 heures du matin, elle atteint son maximum à 6 heures du soir, 22 heures après le commencement de la pluie, et l'étiage devient constant le 8 à 6 heures du matin.

Depuis le commencement de la crue, il passe au déversoir un volume de 79,156^{mc},800; si l'étiage était resté le même, il se serait écoulé un volume de 76,093^{mc},200; différence due à l'action de la pluie, 3,063^{mc},600, à répartir sur 23 heures.

Le coefficient d'écoulement superficiel est de 0,0063.

Le coefficient d'action inondante est de 0,004656.

Le 8 juin, survient une pluie insignifiante sans influence sur l'étiage.

34e *Pluie* (9-13 *juin* 1859).

La pluie tombe :

Le 9, de 4 heures à 6 heures du soir, 2 heures de pluie.

Le 10, de 10 heures du matin au 12 à 8 heures du matin, 46 heures de pluie.

Le 12, de 1 heure à 6 heures du soir, 5 heures de pluie.

Le 13, de 11 heures du matin à 7 heures du soir, 8 heures de pluie.

En tout 61 heures de pluie produisant 1,556,721^{mc},481.

La crue commence à se produire le 10 à 8 heures du soir, 28 heures après le commencement de la pluie ; elle atteint son maximum le 11 à 8 heures du soir, 52 heures après le commencement de la pluie ; elle reste stationnaire jusqu'au 12 à 5 heures du matin. Le 13, à 8 heures du soir, l'étiage redevient normal.

Depuis le commencement de la crue, il passe au déversoir un volume de 299,917^{mc},800. Si l'étiage était resté le même, il se serait écoulé 276,220^{mc},000. Différence due à l'action de la pluie : 23,697^{mc},800, à répartir sur 72 heures.

Le coefficient d'écoulement superficiel est de 0,0152.

Le coefficient d'action inondante est de 0,012877.

35ᵉ *Pluie* (14 *juin* 1859).

La pluie commence le 14 juin à 10 heures du matin et finit le même jour à 8 heures du soir, soit 10 heures de pluie fonrnissant 631,850ᵐᶜ,821.

La crue devient sensible le 15 à 8 heures du matin, 22 heures après le commencement de la pluie, et le 16 vers 7 heures du matin, l'étiage redevient normal.

Depuis le commencement de la crue, il passe au déversoir un volume de 111,529ᵐᶜ,800 ; si le débit était resté constant, il se serait écoulé 107,100ᵐᶜ,000. Différence, 4,429ᵐᶜ,800, à répartir sur 23 heures.

Le coefficient d'écoulement superficiel est de 0ᵐ,0070.

Le coefficient d'action inondante est de 0ᵐ,003042.

36ᵉ *Pluie* (16-18 *juin* 1859).

La pluie tombe le 16, de 11 heures du matin à 3 heures du soir, 4 heures de pluie ; le 17, de 3 heures du matin à 9 heures du matin, 6 heures de pluie ; le 18 de 11 heures du soir au 19 à 9 heures du matin, 10 heures de pluie. En tout 20 heures de pluie produisant 747,316ᵐᶜ,146.

La crue devient sensible le 19 à 8 heures du matin, 59 heures après le commencement de la pluie. Elle opère son mouvement de retour, lorsque le 21, à 8 heures du matin, survient une nouvelle pluie qui dure jusqu'à 6 heures du soir, 10 heures de pluie fournissant 295,442ᵐᶜ,723. En tout 30 heures de pluie qui donnent 1,042,758ᵐᶜ,869. Cette dernière pluie (du 21) n'empêche cependant pas l'affaiblissement de l'étiage qui devient normale le 23 à 5 heures du matin.

Depuis le commencement de la crue, il s'écoule 344,797^{mc},200 ; si le débit avait conservé sa quantité initiale , la dépense du déversoir aurait été de 321,300^{mc},000. La différence est de 23,497^{mc},000, à répartir sur 93 heures.

Le coefficient d'écoulement superficiel est de 0,0225.

Le coefficient d'action inondante est de 0,007256.

37e *Pluie* (24 *juin* 1859).

Le 24 juin la pluie commence à 6 heures du matin et finit à 11 heures du matin, soit 5 heures de pluie fournissant 258,409^{mc},875. Cet incident n'arrête pas la marche lentement décroissante du chiffre de l'étiage, mais prolonge la durée du mouvement de retour. Expérience à éliminer.

38e *Pluie* (29 *juin* 1859).

La pluie survient le 29 juin à 5 heures du matin et cesse à 5 heures du soir, 12 heures de pluie ; elle reprend le 30 à 4 heures du matin et finit à 4 heures du soir, 8 heures de pluie ; en tout 18 heures de pluie produisant 138,943^{mc},067.

Sans influence notable sur le déversoir. Expérience à éliminer.

39e *Pluie* (20-22 *juillet* 1859).

Pluie le 20 juillet, de 3 heures à 4 heures du soir, 1 heure de pluie ; le 22, de 4 heures à 7 heures du soir, 3 heures de pluie ; en tout 4 heures de pluie fournissant 344,500^{mc},529. Pas d'influence notable sur l'étiage. Expérience à éliminer.

40ᵉ Pluie (24-25 juillet 1859).

La pluie commence le 24 juillet à 11 heures du soir et finit le 25 à 8 heures du matin ; en tout 9 heures de pluie produisant 1,025,657ᵐᶜ,047.

La crue devient sensible le 25 à 5 heures du matin, 6 heures après le commencement de la pluie ; le débit redevient normal le 29 à 5 heures du matin.

Depuis le commencement de la crue, il passe au déversoir 154,267ᵐᶜ,200. Si l'étiage avait conservé sa valeur initiale, il se serait écoulé un volume de 120,960ᵐᶜ,000. La différence est de 33,307ᵐᶜ,200, à répartir sur 96 heures.

Le coefficient d'écoulement superficiel est de 0,0324.

Le coefficient d'action inondante est de 0,003035.

41ᵉ Pluie (30 juillet 1859).

Le 30 juillet, la pluie tombe de midi à 8 heures du soir, soit 8 heures de pluie produisant 1,020,555ᵐᶜ,955 ; la crue se produit à 8 heures du soir le 30, 8 heures après le commencement de la pluie.

Elle dure encore au moment où toutes les expériences sont arrêtées, le 31 juillet 1859, à 8 heures du soir.

Le tableau ci-contre résume tous les résultats que nous venons d'examiner et de calculer.

La mesure de l'action inondante est rapportée, ainsi que nous l'avons expliqué plus haut, à l'action inondante d'un terrain imperméable et suffisamment incliné, qui laisserait écouler superficiellement et dans un temps égal à celui de la pluie, le volume tout entier de l'eau tombée : telle est l'unité ou terme de comparaison.

TABLEAU RÉCAPITULATIF.

NUMÉROS des pluies.	DATES.	VOLUME TOTAL de l'eau tombée.	VOLUME de l'écoulement superficiel et immédiat.	COEFFICIENT d'écoulement superficiel.	DURÉE de la pluie.	DURÉE de l'écoulement	MESURE de l'action inondante.	OBSERVATIONS.
1	10 juillet 1858.	141,124mc,972	»	»	11 heures	»	0m,000000	Le sol absorbe la pluie.
2	12 id.	312,484 ,980	2,734mc,000	0,0088	7 id.	17 heures	0 ,003616	
3	17 id.	147,796 ,948	621 ,000	0,0042	8 id.	20 id.	0 ,000630	
4	21 id.	826,649 ,432	21,306 ,600	0,0257	8 id.	55 id.	0 ,00372	
5	24 id.	1,008,093 ,436	26,697 ,000	0,0264	24 id.	61 id.	0 ,010375	A éliminer (voir les détails).
6	27 id.	1,082,025 ,088	56,750 ,400	0,0524	29 id.	246 id.	0 ,00613	
7	14 août 1858.	100,805 ,964	2,336 ,400	0,0231	4 id.	35 id.	0 ,00203	
8	19-20 id.	1,015,539 ,020	21,882 ,600	0,0215	24 id.	40 id.	0 ,00516	
9	25 id.	705,645 ,132	36,100 ,800	0,0511	33 id.	144 id.	0 ,012065	A éliminer (voir les détails).
10	5- 9 septembre 1858.	702,245 ,651	18,439 ,200	0,0262	18 id.	120 id.	0 ,003930	
11	18 id.	176,205 ,212	1,206 ,000	0,0068	16 id.	23 id.	0 ,004730	
12	23-24 id.	697,437 ,759	11,392 ,200	0,0171	20 id.	85 id.	0 ,004024	
13	1er octobre 1858.	450,432 ,740	4,284 ,000	0,0095	17 id.	34 id.	0 ,004750	
14	5 id.	107,360 ,781	1,346 ,400	0,0125	12 id.	24 id.	0 ,006230	
15	8-12 id.	2,017,238 ,105	17,581 ,400	0,0087	69 id.	134 id.	0 ,004479	
16	20-29 id.	847,563 ,945	19,036 ,800	0,0224	24 id.	24 id.	0 ,02240	Voir les détails.
17	13-19 novembre 1858.	4,892,551 ,831	80,845 ,000	0,0165	112 id.	215 id.	0 ,008594	Gelée.
18	26-30 id.	1,161,953 ,562	»	»	»	»	»	Id.
19	1- 3 décembre 1858.	282,235 ,117	»	»	»	»	»	(voir les détails).
20 / 21	19-29 id. / 4-13 janvier 1859.	4,068,649 ,126	484,466 ,400	0,0970	213 id.	837 id.	0 ,024676	
22	23 janvier-4 février 1859.	2,005,841 ,405	278,992 ,000	0,1070	99 id.	350 id.	0 ,029425	
23	10 février-8 mars 1859.	4,098,434 ,182	158,802 ,600	0,0387	180 id.	624 id.	0 ,01130	
24	13-18 mars 1859.	333,481 ,795	18,604 ,800	0,0537	28 id.	120 id.	0 ,0123948	
25	24-26 id.	890,581 ,260	6,968 ,000	0,0078	63 id.	72 id.	0 ,006826	A éliminer (voir les détails).
26	8-11 avril 1859.	1,255,500 ,761	8,640 ,000	0,0068	55 id.	72 id.	0 ,005193	
27	12 id.	4,879,693 ,203	793,849 ,200	0,1625	227 id.	548 id.	0 ,069902	
28	4 mai 1859.	1,621,319 ,379	144,054 ,000	0,0888	30 id.	230 id.	0 ,011579	
29	14-19 id.	2,866,113 ,173	100,386 ,700	0,0350	89 id.	126 id.	0 ,024720	
30	25-31 id.	1,595,458 ,840	41,128 ,200	0,0257	74 id.	138 id.	0 ,013780	
31	31 id.	569,110 ,971	4,449 ,600	0,0078	5 id.	13 id.	0 ,002999	
32	4 juin 1859.	850,432 ,234	20,192 ,400	0,0237	30 id.	36 id.	0 ,01974	
33	6 id.	486,004 ,307	3,063 ,600	0,0063	17 id.	23 id.	0 ,004856	
34	9-13 id.	1,556,721 ,481	23,697 ,800	0,0152	61 id.	72 id.	0 ,012877	
35	14 id.	631,850 ,821	4,429 ,800	0,0070	10 id.	23 id.	0 ,003042	
36	16-18 id.	1,042,758 ,869	23,497 ,200	0,0225	30 id.	93 id.	0 ,007256	A éliminer (voir les détails).
37	24 id.	258,409 ,875	»	0,0000	5 id.	»	»	
38	29-30 id.	138,943 ,067	»	0,0000	18 id.	»	»	A éliminer. Id.
39	20-22 juillet 1859.	344,500 ,529	»	0,0000	4 id.	»	»	
40	24-25 id.	1,025,637 ,047	33,307 ,200	0,0324	9 id.	96 id.	0 ,003035	
41	30 id.	1,020,355 ,955	»	»	8 id.	»	»	Expérience interrompue (v. les d.).

Calcul du coefficient général d'écoulement superficiel.

Pour obtenir le coefficient général d'écoulement immédiat et superficiel, il suffit de diviser le volume total des écoulements superficiels par le volume total de l'eau tombée.

Le volume total de l'eau tombée s'élève à 49,716,478^{mc},665

Le volume total des écoulements superficiels est de . . . . 2,471,209 ,900

Retranchons les résultats fournis par les expériences désignées pour l'élimination, ainsi que par les expériences incomplètes (pluies n°s 5, 9, 25, 37, 38, 39 et 41), le coefficient général d'écoulement superficiel a pour valeur :

$$\frac{2{,}471{,}209^{mc}{,}900 - 69{,}766^{mc}{,}400}{49{,}716{,}478^{mc}{,}665 - 4{,}366{,}729^{mc}{,}254} = \frac{2{,}401{,}443^{mc}{,}500}{45{,}349{,}749^{mo}{,}411} = 0{,}0529 ,$$

soit $^{1}/_{19}$ du volume total de l'eau tombée.

Calcul du rapport général du temps total des pluies au temps total des écoulements superficiels.

La durée totale du temps des pluies est de 1,686 heures. La durée totale des écoulements superficiels est de 4,800 heures. Retranchons les résultats fournis par les expériences désignées pour l'élimination, ainsi que par les expériences incomplètes (pluies n°s 5, 9, 25, 37, 38, 39 et 41), il reste pour les délais précités 1,531 heures d'une part, et 4,523 heures de l'autre.

Rappelons ici que la pluie n° 1 n'a produit aucun effet remarquable sur l'étiage. Il en résulte que le coefficient d'action inondante correspondant à cette expérience se présente sous la forme de l'indétermination ; or, la valeur de ce coefficient est réellement nulle. Ce résultat provient de ce que les conditions de l'expérience à laquelle il se rapporte ne sont point comprises dans celles qui ont dicté la formule $C = \dfrac{V'}{V} \times \dfrac{T}{T'}$.

(Il est évident en effet que le raisonnement qui nous a guidés ne peut s'appliquer dès que l'un des termes devient nul.)

Comme la valeur de l'action inondante décroît en raison inverse du temps de l'écoulement, et que le résultat fourni par la pluie n° 1 est le plus favorable qu'on puisse obtenir, nous adopterons pour cette pluie, dans le calcul du rapport général, une valeur de T' telle que le rapport $\dfrac{T}{T'}$ correspondant soit égal au rapport le plus faible fourni par les expériences effectuées dans les conditions ordinaires. Le rapport minimum des temps est celui que donne l'expérience n° 40, soit $^9/_{96}$ ou approximativement $^1/_{11}$.

Nous admettons donc, en partant de cette base, que le temps de l'écoulement superficiel correspondant à la pluie n° 1 est de 121 heures.

Nous obtenons ainsi pour rapport général des temps :

$$\frac{1{,}531^{h}}{4{,}523 + 121} = \frac{1{,}531^{h}}{4{,}644}, \text{ soit } 0{,}3296.$$

Calcul du coefficient général d'action inondante.

D'après ce que nous avons dit, le coefficient général d'action inondante est égal au coefficient général d'écoulement superficiel multiplié par le rapport général du temps des pluies au temps des écoulements, soit :

$$0,0529 \times 0,3296 = 0,01743,$$

ou $^1/_{57}$ de l'action inondante d'une surface qui laisserait écouler la totalité de l'eau de la pluie dans un temps égal à la durée de cette dernière.

CHAPITRE III.

EXPÉRIENCES DANS LE BASSIN DÉBOISÉ.

ARTICLE 1er.

DESCRIPTION DU BASSIN.

Nous n'avons pu trouver dans le voisinage du bassin supérieur de la Zorn aucun·bassin complétement déboisé.

Le bassin sur lequel nous avons opéré contient $455^h,58$ de sol déboisé et $522^h,48$ de forêt. Il est situé tout entier sur le territoire de la commune de Walscheid et se trouve enclavé dans les montagnes des Vosges et dans la forêt de Dabo. Il est desservi par deux ruisseaux : l'un prend sa source à trois kilomètres en amont du village de Walscheid, l'autre s'étend vers l'est et le sud-est, dans la gorge du canton Fischbachberg. La réunion de ces deux ruisseaux, qui s'effectue à 1 kilomètre en amont de Walscheid, forme la petite rivière de Bièvre qui se jette dans la Sarre. C'est à deux kilomètres environ en aval de Walscheid que nous avons établi les deux déversoirs destinés à mesurer les écoulements (au-dessous de l'usine Chrétien).

Le sol présente la même composition et la même base minéralogique que celui du bassin supérieur de la Zorn. Au premier abord, il est facile de reconnaître que les pentes ne sont point supérieures à celles de ce dernier bassin ; en outre, le thalweg se trouve au milieu d'une plaine dont la largeur augmente à mesure que l'on descend la vallée ; il en résulte que les pentes moyennes sont sûrement inférieures à celles du bassin de la Zorn. Les forêts présentent le même aspect que dans ce dernier bassin ; quant à la partie déboisée, elle se compose : 1° de prés généralement irrigués et situés dans la plaine ; 2° de terres arables, disposées dans la plaine et sur les flancs les moins rapides ; 3° de pâturages et de friches sur le reste de la partie déboisée.

ARTICLE 2.

DISPOSITION DES EXPÉRIENCES.

A raison du peu d'étendue du bassin de la Bièvre, en amont de l'usine Chrétien, nous n'avons employé qu'un pluviomètre, lequel a été installé à Walscheid, point à peu près central du champ d'expériences. Ce pluviomètre est construit sur le modèle des pluviomètres employés aux postes du Hengst et de la Hirtztel. Le mesurage de la quantité d'eau tombée s'effectuait comme nous l'avons décrit dans le chapitre précédent. Le mesurage des écoulements présentait une difficulté particulière : l'irrigation des prés traversés par la Bièvre entraîne, comme conséquence, la division du cours d'eau en une série de petites dérivations qui se réunissent pour donner le mouvement à l'usine Chrétien. En ce point, il existe une seule dérivation ; elle a nécessité un jaugeage spécial. Nous avons dû, par conséquent, établir deux déversoirs, l'un, sur la dérivation précitée, mesurait une largeur de $0^m,82$; l'autre, sur la Bièvre, à 20 mètres en aval de l'usine, mesurait une largeur de 1 mètre.

La situation de ce dernier déversoir, en aval de l'usine, ne présentait point les inconvénients que l'on pouvait redouter à raison des intermittences du roulement et, par suite, du débit. Au moment des pluies d'importance notable, les intermittences du débit n'existent point en réalité, attendu qu'à l'instant où le mouvement cesse, la vanne du cours d'eau principal rejette immédiatement l'eau excédante sur la dérivation munie du petit déversoir.

Tandis que le déversoir de la Zorn fonctionnait sans encombre, des obstacles de toute nature ont contrarié les opérations effectuées sur les deux déversoirs de la Bièvre. Les propriétaires des terrains environnants interprétèrent notre travail d'une manière fausse et ignorante : bien que l'établissement des barrages ne leur occasionnât aucun préjudice, ils détruisirent le petit déversoir à plusieurs reprises. Le grand déversoir lui-même ne put fonctionner sans difficulté ; comme il était installé en aval de la scierie et que les effets de remous sur le moteur hydraulique étaient à craindre, nous n'avons pu l'élever suffisamment pour rendre les conditions de son débit constamment concordantes avec les conditions exigées par les formules de mesurage. Toutefois, des données comparatives nous ont permis de suppléer à cette lacune sans erreur importante. L'ensemble de toutes ces difficultés ne nous permet de présenter comme certains et complets que les résultats développés ci-dessous, lesquels suffisent, du reste, pour établir la comparaison cherchée.

ARTICLE 3.

TABLEAU DES RÉSULTATS OBSERVÉS

Les observations pluviométriques faites à Walscheid ont duré trois mois ; celles qui se rapportent à la période pendant laquelle l'ensemble du système d'observations a pu fonctionner d'une manière normale et exacte, doivent être comptées, à partir du 15 janvier 1859 jusqu'au 27 février 1859 inclusivement. C'est la seule période dont nous puissions nous occuper. Les tableaux ci-dessous donnent le détail des résultats observés.

PLUVIOMÈTRE DE WALSCHEID.

(DIAMÈTRE = 0^m, 35.)

DATES.	HEURE du commencement de la pluie.	HEURE de la fin de la pluie.	VOLUME de l'eau recueillie au pluviomètre.	VOLUME correspondant pour l'étendue du bassin.	OBSERVATIONS.
24 janvier 1859.	1 heure du matin.	8 heures du matin.	$0^{mc},000400$	$40,667^{mc},072$	
26 id.	9 id. id.	5 id. du soir.	0 ,000200	20,333 ,536	
27 id.	11 id. id.	5 id. id.	0 ,000100	10,166 ,768	
28 id.	3 id. id.	7 id. id.	0 ,000700	71,167 ,376	
29 id.	5 id. id.	5 id. id.	0 ,000200	20,333 ,536	
30 id.	5 id. id.	5 id. id.	0 ,000300	30,500 ,304	
31 id.	2 id. id.	5 id. id.	0 ,001600	162,668 ,288	
2 février 1859.	6 id. id.	3 id. id.	0 ,000600	61,000 ,608	
11 id.	3 id. id.	5 id. id.	0 ,000700	71,167 ,376	
12 id.	4 id. id.	7 id. du soir.	0 ,000300	30,500 ,304	
13 id.	5 id. id.	11 id. du matin.	0 ,000300	30,500 ,304	
14 id.	3 id. id.	12 id. id.	0 ,000430	43,717 ,102	
16 id.	4 id. id.	7 id. id.	0 ,000100	10,166 ,768	
17 id.	4 id. id.	9 id. id.	0 ,000150	15,250 ,152	
18 id.	5 id. id.	10 id. id.	0 ,000540	54,900 ,547	
19 id.	7 id. id.	8 id. du soir.	0 ,000040	4,066 ,707	

DÉVERSOIRS PRÈS L'USINE CHRÉTIEN.

Les déversoirs établis en aval de l'usine Chrétien ont fonctionné à diverses reprises pendant trois mois environ ; plusieurs fois ils ont été détruits par les propriétaires voisins, et il a fallu procéder à leur reconstruction. Il en résulte que la période pendant laquelle nous avons obtenu des résultats exacts et suivis, doit être comptée à partir du 14 janvier 1859 jusqu'au 27 février inclusivement. Les calculs ont été effectués comme les calculs similaires faits pour le déversoir de la Zorn et en s'appuyant sur la même formule :

$$D = K l h \sqrt{2g \left(\frac{h + v^2}{2g} \right)}.$$

Les valeurs de v ont été réglées expérimentalement comme il suit :

Grand déversoir.

Depuis :

$h = 0^m,03$ jusque $h = 0^m,05$ inclusivement, on a $v = 0^m,10$

$h = 0\ ,06$ id. $h = 0\ ,09$ id.   id. $v = 0\ ,15$

$h = 0\ ,10$ id. $h = 0\ ,14$ id.   id. $v = 0\ ,20$

$h = 0\ ,15$ id. $h = 0\ ,17$ id.   id. $v = 0\ ,25$

Petit déversoir.

Depuis :

$h = 0^m,02$ jusque $h = 0^m,05$ inclusivement, on a $v = 0^m,10$

$h = 0\ ,06$ id. $h = 0\ ,15$ id.   id. $v = 0\ ,15$

GRAND DÉVERSOIR (LARGEUR $= 1^{m},00$).

DATES.	HEURE de l'observation.		CHARGE du déversoir.	VOLUME de l'eau passée au déversoir.
14 janvier 1859.	3 heures	du soir.	$0^{m},06$	
				$1,958^{mc},400$
15 id.	8 id.	du matin.	0 ,07	
				3,571 ,200
16 id.	3 id.	du soir.	0 ,06	
				2,203 ,200
17 id.	8 id.	du matin.	0 ,08	
				4,464 ,000
18 id.	3 id.	du soir.	0 ,07	
				1,744 ,200
19 id.	8 id.	du matin.	0 ,05	
				3,627 ,000
20 id.	3 id.	du soir.	0 ,08	
				4,147 ,200
21 id.	3 id.	id.	0 ,09	
				2,937 ,600
22 id.	8 id.	du matin.	0 ,08	
				4,464 ,000
23 id.	3 id.	du soir.	0 ,07	
				3,142 ,800
24 id.	9 id.	du matin.	0 ,10	
				439 ,200
id.	11 id.	id.	0 ,10	
				1,179 ,000
id.	4 id.	du soir.	0 ,11	
				3,513 ,600
25 id.	8 id.	du matin.	0 ,09	
				5,356 ,800
26 id.	3 id.	du soir.	0 ,08	
				2,815 ,600
27 id.	8 id.	du matin.	0 ,085	
				4,708 ,800
28 id.	8 id.	id.	0 ,10	
				439 ,200
id.	11 id.	id.	0 ,10	
				4,951 ,800
29 id.	8 id.	id.	0 ,11	
				707 ,400
id.	11 id.	id.	0 ,10	
				1,015 ,200
id.	3 id.	du soir.	0 ,12	
				4,314 ,600
30 id.	8 id.	du matin.	0 ,10	
				5,050 ,800
31 id.	7 id.	id.	0 ,10	

GRAND DÉVERSOIR (LARGEUR = 1^m,00).

DATES.	HEURE de l'observation.	CHARGE du déversoir.	VOLUME de l'eau passée au déversoir.
31 janvier 1859.	10 heures du matin.	0^m,16	999^{mc},000
id.	3 id. du soir.	0 ,155	2,160 ,000
id.	4 id. id.	0 ,135	363 ,600
1er février 1859.	3 id. id.	0 ,12	6,899 ,724
2 id.	8 id. du matin.	0 ,12	4,896 ,000
id.	2 id. du soir.	0 ,165	2,361 ,528
id.	4 id. id.	0 ,17	945 ,576
3 id.	8 id. du matin.	0 ,13	6,480 ,000
4 id.	3 id. du soir.	0 ,11	8,928 ,000
5 id.	8 id. du matin.	0 ,105	4,100 ,400
6 id.	3 id. du soir.	0 ,10	7,142 ,400
7 id.	3 id. id.	0 ,095	5,011 ,200
8 id.	8 id. du matin.	0 ,09	3,366 ,000
9 id.	3 id. du soir.	0 ,085	5,505 ,228
10 id.	8 id. du matin.	0 ,09	3,202 ,596
11 id.	8 id. id.	0 ,145	7,890 ,912
id.	11 id. id.	0 ,15	1,169 ,964
id.	2 id. du soir.	0 ,155	1,252 ,800
id.	4 id. id.	0 ,16	864 ,000
12 id.	8 id. du matin.	0 ,145	6,470 ,208
id.	3 id. du soir.	0 ,130	2,545 ,200
13 id.	9 id. du matin.	0 ,120	5,508 ,000
id.	4 id. du soir.	0 ,125	2,099 ,916

GRAND DÉVERSOIR (LARGEUR = 1ᵐ,00).

DATES.	HEURE de l'observation.	CHARGE du déversoir.	VOLUME de l'eau passée au déversoir.
14 février 1859.	9 heures du matin.	0ᵐ,130	5,303mc,592
id.	4 id. du soir.	0 ,12	2,142 ,000
15 id.	8 id. du matin.	0 ,135	5,203 ,008
16 id.	9 id. id.	0 ,14	8,759 ,700
id.	5 id. du soir.	0 ,145	3,012 ,480
17 id.	8 id. du matin.	0 ,12	5,508 ,000
id.	4 id. du soir.	0 ,115	2,206 ,080
18 id.	8 id. du matin.	0 ,10	4,049 ,280
19 id.	4 id. du soir.	0 ,095	6,681 ,600
20 id.	4 id. id.	0 ,09	4,259 ,520
21 id.	8 id. du matin.	0 ,08	2,764 ,800
22 id.	4 id. du soir.	0 ,09	1,382 ,400
23 id.	8 id. du matin.	0 ,105	3,513 ,600
24 id.	8 id. id.	0 ,11	5,788 ,800
25 id.	4 id. du soir.	0 ,105	7,372 ,800
26 id.	8 id. du matin.	0 ,10	3,686 ,400
27 id.	9 id. id.	0 ,145	8,217 ,000
id.	11 id. id.	0 ,15	779 ,760
28 id.	8 id. id.	0 ,13	7,635 ,600

ÉTUDES EXPÉRIMENTALES

PETIT DÉVERSOIR (LARGEUR = 0^m,82).

DATES.	HEURE de l'observation.			CHARGE du déversoir.	VOLUME de l'eau passée au déversoir.
14 janvier 1859.	3 heures	du soir.		0^m,03	244^{mc},800
15 id.	8 id.	du matin.		0 ,02	446 ,400
16 id.	3 id.	du soir.		0 ,02	367 ,200
17 id.	8 id.	du matin.		0 ,03	669 ,600
18 id.	3 id.	du soir.		0 ,02	489 ,600
19 id.	8 id.	du matin.		0 ,04	1,116 ,000
20 id.	3 id.	du soir.		0 ,03	518 ,400
21 id.	3 id.	id.		0 ,02	367 ,200
22 id.	8 id.	du matin.		0 ,03	669 ,600
23 id.	3 id.	du soir.		0 ,02	680 ,400
24 id.	9 id.	du matin.		0 ,05	122 ,400
id.	11 id.	id.		0 ,05	360 ,000
id.	4 id.	du soir.		0 ,06	1,008 ,000
25 id.	8 id.	du matin.		0 ,04	1,116 ,000
26 id.	3 id.	du soir.		0 ,03	550 ,800
27 id.	8 id.	du matin.		0 ,035	1,123 ,200
28 id.	8 id.	id.		0 ,06	165 ,600
id.	11 id.	id.		0 ,06	2,003 ,400
29 id.	8 id.	id.		0 ,07	324 ,000
id.	11 id.	id.		0 ,07	338 ,400
id.	3 id.	du soir.		0 ,05	765 ,000
30 id.	8 id.	du matin.		0 ,03	2,401 ,200
31 id.	7 id.	id.		0 ,10	

PETIT DÉVERSOIR (LARGEUR $= 0^{m},82$).

DATES.	HEURE de l'observation.	CHARGE du déversoir.	VOLUME de l'eau passée au déversoir.
31 janvier 1859.	10 heures du matin.	$0^{m},10$	$540^{mc},000$
id.	3 id. du soir.	0 ,10	828 ,000
id.	4 id. id.	0 ,09	158 ,400
1er février 1859.	3 id. id.	0 ,07	2,484 ,000
2 id.	8 id. du matin.	0 ,06	1,621 ,800
id.	2 id. du soir.	0 ,10	788 ,400
id.	4 id. id.	0 ,10	360 ,000
3 id.	8 id. du matin.	0 ,09	2,649 ,600
4 id.	3 id. du soir.	0 ,06	3,627 ,000
5 id.	8 id. du matin.	0 ,04	1,071 ,000
6 id.	3 id. du soir.	0 ,035	1,189 ,656
7 id.	3 id. id.	0 ,03	806 ,112
8 id.	8 id. du matin.	0 ,025	407 ,592
9 id.	3 id. du soir.	0 ,02	594 ,828
10 id.	8 id. du matin.	0 ,03	367 ,200
11 id.	8 id. id.	0 ,06	1,339 ,200
id.	11 id. id.	0 ,07	286 ,200
id.	2 id. du soir.	0 ,08	356 ,400
id.	4 id. id.	0 ,085	273 ,600
12 id.	8 id. du matin.	0 ,07	2,073 ,600
id.	3 id. du soir.	0 ,075	806 ,400
13 id.	9 id. du matin.	0 ,05	1,792 ,368
id.	4 id. du soir.	0,05	428 ,400

PETIT DÉVERSOIR (LARGEUR = $0^m,82$).

DATES.	HEURE de l'observation.		CHARGE du déversoir.	VOLUME de l'eau passée au déversoir.
14 février 1859.	9 heures	du matin.	$0^m,04$	$887^{mc},400$
id.	4 id.	du soir.	0 ,05	365 ,400
15 id.	8 id.	du matin.	0 ,08	1,526 ,400
16 id.	9 id.	id.	0 ,06	2,655 ,000
id.	5 id.	du soir.	0 ,06	662 ,400
17 id.	8 id.	du matin.	0 ,07	1,431 ,000
id.	4 id.	du soir.	0 ,06	763 ,200
18 id.	8 id.	du matin.	0 ,05	1,152 ,000
19 id.	4 id.	du soir.	0 ,03	1,440 ,000
20 id.	4 id.	id.	0 ,03	691 ,200
21 id.	8 id.	du matin.	0 ,04	576 ,000
22 id.	4 id.	du soir.	0 ,035	305 ,280
23 id.	8 id.	du matin.	0 ,03	535 ,680
24 id.	8 id.	id.	0 ,03	691 ,200
25 id.	4 id.	du soir.	0 ,025	760 ,320
26 id.	8 id.	du matin.	0 ,02	305 ,280
27 id.	9 id.	id.	0 ,08	1,800 ,000
id.	11 id.	id.	0 ,085	273 ,600
28 id.	8 id.	id.	0 ,02	2,063 ,880

ARTICLE 4.

ÉTUDES DES RÉSULTATS OBSERVÉS.

1re *Expérience* (24-26 *janvier* 1859).

Le 24 janvier 1859, la pluie tombe à partir de 1 heure du matin jusqu'à 8 heures du matin. Durée totale, 7 heures de pluie.

Le 23 janvier au soir, l'étiage du grand déversoir marquait $0^m,07$ et l'étiage du petit déversoir $0^m,02$. La hauteur du flot s'est élevée, pour rester ensuite supérieure aux deux chiffres précités, jusqu'au 26 janvier à 9 heures du matin, époque à laquelle survint une nouvelle pluie. Dès la première observation effectuée, le 24 janvier, la crue devint manifeste. En supposant le maintien de l'étiage initial, la quantité d'eau écoulée, depuis le commencement de la première pluie, jusqu'au commencement de la seconde, aurait été la suivante :

Grand déversoir.	7,257^{mc},600
Petit déversoir.	806 ,400
TOTAL.	8,064^{mc},000

Par suite de la crue, la quantité d'eau passée aux déversoirs durant cette période de 56 heures, s'est élevée, pour le grand déversoir, à . . . . 9,300^{mc},070 et pour le petit, à . . . . 2,692 ,800

TOTAL.	11,992^{mc},870

Augmentation du débit par suite de la pluie :

$$11,992^{mc},870 - 8,064^{mc},000 = 3,928^{mc},870.$$

La quantité totale de l'eau tombée, sur l'étendue du bassin, est de 40,667^{mc},072.

En admettant que le 26 janvier, à 9 heures du matin, la pluie du 24 janvier ait entièrement accompli son action,

Le coefficient d'écoulement superficiel est :

$$\frac{3,928^{mc},870}{40,667^{mc},072} = 0,096.$$

Le coefficient d'action inondante est :

$$0,096 \times \tfrac{7}{56} = 0,012.$$

2e Expérience (26 janvier - 2 février 1859).

A partir du 26 janvier 1859, à 9 heures du matin, commence une série de pluies qui se succèdent à des intervalles assez rapprochés pour que l'écoulement des eaux versées par l'une de ces pluies ne soit point encore effectué au moment de la pluie suivante.

Cette série de pluies ne se termine que le 2 février, à 3 heures du soir.

La durée totale du temps des pluies est de 78 heures ; la quantité d'eau tombée est de $376,170^{mc},416$.

L'écoulement superficiel, occasionné par cette série de pluies, produit une crue qui n'est appréciable qu'à partir du 27 janvier, à 8 heures du matin, et qui se prolonge jusqu'au 6 février, à 3 heures du soir.

Volume d'eau passé au grand déversoir durant cet intervalle (247 heures) . . . . $66,464^{mc},028$

Volume d'eau passé au petit déversoir. . $22,438 \ ,656$

TOTAL. . . . . . $88,902^{mc},684$

Si l'étiage avait conservé sa valeur initiale, les deux

déversoirs auraient débité, pendant le même temps, le volume
suivant :

Grand déversoir.	$39,124^{mc},800$
Petit déversoir	$3,556\ ,800$
TOTAL.	$42,681^{mc},600$

Différence :

$$88,902^{mc},684 - 42,681^{mc},600 = 46,221^{mc},084.$$

Le coefficient d'écoulement superficiel est :

$$\frac{46,221^{mc},084}{376,170\ \ ,416} = 0,122.$$

Le coefficient d'action inondante est :

$$0,122 \times \frac{78}{247} = 0,0384.$$

3e Expérience (11 - 19 février 1859).

Le 11 février 1859 commence une nouvelle série de pluies ;
à partir du 11 février 1859, à 3 heures du matin, jusqu'au
19 février, à 3 heures du soir, il pleut à intervalles rapprochés, pendant une durée effective de 70 heures. La crue, qui
devient appréciable dès le 11 février, à 8 heures du matin,
continue à subsister jusqu'au 19, à 4 heures du soir.

Il se présente un fait très-remarquable : malgré la pluie
qui tombe le 18 février, le débit des déversoirs diminue
durant le délai du 18 au 19 février et rentre dans les limites
de l'étiage, qui correspondait à la veille du commencement
des pluies. L'écoulement dure, en totalité, 200 heures.

La quantité totale de l'eau tombée est de $260,269^{mc},260$.

Le volume passé au grand déversoir durant ces 200 heures est de. . . . . 62,775^{mc},828

Le volume passé au petit déversoir. . . 16,899 ,768

Total. . . . . . 79,675^{mc},596

Si le débit fût resté le même qu'avant la pluie, le volume passé aux déversoirs eût été le suivant :

Grand déversoir. . . . . 37,440^{mc},000

Petit déversoir . . . . 5,760 ,000

Total. . . . . . 43,200^{mc},000

Différence :

$$79,675^{mc},596 - 43,200^{mc},000 = 36,475^{mc},596.$$

Le coefficient d'écoulement superficiel est de :

$$\frac{36,475^{mc},596}{260,269 \ ,260} = 0,140.$$

Le coefficient d'action inondante est :

$$0,140 \times \frac{70}{200} = 0,0490.$$

Coefficients généraux d'écoulement superficiel et d'action inondante.

Le coefficient général d'écoulement superficiel durant la période d'observation, s'obtient comme il suit :

Volume total de l'eau tombée 677,106^{mc},748.

Volume total des écoulements superficiels 86,625^{mc},550.

Le coefficient cherché est :

$$\frac{86,625^{mc},550}{677,106 \ ,748} = 0,1270.$$

Le coefficient général d'action inondante, durant la période d'observation, s'obtiendra en multipliant le coefficient 0,127 par le rapport du temps total des pluies au temps total des écoulements superficiels.

Temps total des pluies, 155 heures.

Temps total des écoulements superficiels, 503.

Le coefficient général d'action inondante est :

$$0,127 \times \frac{155}{503} = 0,0391 \,,$$

soit $\frac{1}{25}$ de l'action inondante de la surface type.

CONCLUSIONS.

Le rapprochement des résultats obtenus à l'aide des expériences effectuées dans le bassin boisé et dans le bassin (en
grande partie) déboisé donne les indications suivantes :

1° Coefficients généraux d'écoulement superficiel.
  Bassin de la Zorn (bassin boisé), 0,0529.
  Bassin de la Bièvre (bassin déboisé en grande partie),
    0,1270.

2° Coefficients généraux d'action inondante.
  Bassin de la Zorn, 0,01743.
  Bassin de la Bièvre, 0,0391.

REMARQUE. — Dans ce rapprochement, nous faisons entrer en
ligne de comparaison, les coefficients généraux qui se rapportent
à la totalité des observations effectuées dans chacun des bassins
respectifs. Or, le temps des expériences, dans le bassin de la
Zorn, est beaucoup plus considérable que dans le second bassin.
Cette circonstance pouvant donner lieu à un doute que nous voulons écarter, nous calculons ci-dessous les coefficients généraux
d'écoulement superficiel et d'action inondante qui se rapportent
aux expériences effectuées dans le bassin boisé à l'époque où l'on
opérait dans le second bassin.

1° Coefficient général d'écoulement superficiel pour le bassin
boisé durant la période (19 décembre 1858 au 8 mars 1859) :

$$\frac{922,261^{\text{mc}},000}{11,672,924^{\text{mc}},713} = 0,079.$$

Coefficient général d'écoulement superficiel pour le bassin (en grande partie) déboisé durant la période correspondante = 0,1270.

2° Coefficient général d'action inondante du bassin boisé durant la période (19 décembre 1858-8 mars 1859) :

$$0,079 \times \frac{492}{1821} = 0,0213.$$

Coefficient général d'action inondante du bassin (en grande partie) déboisé durant la période correspondante = 0,0391.

FIN.

RAPPORT

SUR UN MÉMOIRE DE MM. F. JEANDEL, J.-B. CANTEGRIL
ET L. BELLAUD

Intitulé : *Études expérimentales sur les inondations.*

Extrait des Comptes-Rendus de l'Académie des sciences
et des Annales forestières.

« Dans notre dernier numéro, nous avons publié le résumé des intéressantes expériences auxquelles se sont livrés MM. Jeandel, Cantegril et Bellaud sur les inondations. Nous reproduisons aujourd'hui le rapport fait par M. le maréchal Vaillant, au nom de la Commission qui avait été chargée par l'Académie des sciences d'examiner le Mémoire de ces agents forestiers. Nous accompagnons, avec l'assentiment de M. le maréchal, ce rapport de quelques notes qui nous ont été fournies par les auteurs du Mémoire dont il s'agit et qui sont destinées à élucider plusieurs questions insuffisamment développées dans leur premier travail.

» On est bien loin d'être d'accord sur la nature de l'influence que les divers genres de culture exercent sur l'écoulement superficiel des eaux de pluie. Les terrains boisés diminuent-ils ou augmentent-ils le volume de cet écoulement? En retardent-ils ou en accélèrent-ils la vitesse? Ces questions, maintes fois débattues, ont été maintes fois résolues en sens contraires. MM. Jeandel, Cantegril et Bellaud, sous-inspecteurs des forêts de l'État, ont cherché à les résoudre par l'expérience, et ils ont soumis à l'examen de l'Académie le résultat de leurs études. Un extrait de leur travail, inséré dans le *Compte-rendu* de la séance du 24 décembre 1860, a exposé nettement les principes théoriques qui leur ont servi de base et les procédés d'expérimentation qu'ils ont employés : nous pouvons donc nous borner à les rappeler sommairement ici.

« Lorsqu'une masse d'eau considérable, dit le Mémoire, vient à tomber sur le sol, cette masse liquide produit inévitablement un danger d'inondation qui varie :

» 1° Avec la quantité d'eau que le sol absorbe ou qui s'évapore après la pluie ;

» 2° Avec le temps pendant lequel se prolonge l'écoulement de la quantité d'eau non absorbée.

» La nature des terrains fait varier les rapports du volume et de la durée de la pluie tombée, au volume et à la durée de l'écoulement superficiel, et puisque c'est en raison même de ces rapports que varie le danger des inondations, l'influence ou, comme le disent les auteurs du Mémoire, l'*action inondante* des terrains peut être représentée par la formule $\frac{V'}{V} \times \frac{T}{T'}$, formule dans laquelle V et V', T et T' représentent les volumes et les durées de la pluie et de l'écoulement consécutif. Le Mémoire donne le nom de *coefficient d'écoulement superficiel* au rapport $\frac{V'}{V}$, qui représente la valeur de la faculté absorbante du sol.

» Les auteurs du Mémoire s'étaient proposé de mesurer expérimentalement le double rapport de leur formule pour deux terrains, l'un boisé, l'autre déboisé, mais présentant d'ailleurs les mêmes circonstances de constitution géologique, de déclivité générale, d'exposition, en un mot, pour deux terrains n'offrant d'autre différence que le mode de culture, et soumis d'une manière complétement identique à toutes les autres influences qui peuvent réagir sur les inondations.

» Ces conditions, qu'il est très-difficile de rencontrer à la fois, les auteurs du Mémoire ont cru les trouver réunies à un degré suffisant dans deux bassins contigus : le bassin supérieur de la Zorn, affluent de la Moder, et le bassin supérieur de la Bièvre, affluent de la Sarre ; le premier boisé, comme nous avons dit, le second déboisé en grande partie.

» La quantité d'eau tombée a été mesurée à l'aide de pluviomètres ; la quantité d'eau écoulée à la surface du sol a été mesurée à l'aide de déversoirs. L'heure du commencement et l'heure de la fin de la pluie ont été consignées sur le registre d'observations, ainsi que l'heure des mesurages effectués aux déversoirs.

» Le calcul des observations ainsi faites simultanément dans les deux bassins, a amené les auteurs du Mémoire aux résultats suivants :

Coefficients généraux d'écoulement superficiel . . . . Bassin boisé. . . 0,079 / Bassin déboisé. 0,127

Coefficients généraux d'action inondante . . . . Bassin boisé. . . 0,0213 / Bassin déboisé. 0,0391

» La méthode suivie dans les expériences que nous venons de rappeler brièvement s'appuie sur des principes que nous devons d'abord examiner.

» Il est incontestable, comme le disent les auteurs, que l'action inondante d'un terrain est d'autant moins dangereuse que sa faculté absorbante est plus considérable, ou, suivant leurs expressions, que son coefficient d'écoulement superficiel est moindre. Mais il faut remarquer que la faculté absorbante d'un même sol varie d'une pluie à une autre pluie, suivant son état d'humectation préalable ; elle aura toute son énergie après une longue sécheresse, tandis qu'elle sera nulle après une longue suite de pluies abondantes qui auront saturé le terrain ; de sorte que, pour des pluies de même durée et de même intensité, mais succédant à des phénomènes météorologiques différents, le coefficient d'écoulement superficiel variera beaucoup pour le même bassin. Il est donc indispensable, pour faire utilement des expériences qui soient vraiment comparatives sur l'écoulement des eaux de deux bassins, de tenir compte, non pas seulement des circonstances qui accompagnent cet écoulement, mais encore de celles qui l'ont précédé. Cet élément de discussion est sans doute difficile à apprécier, mais il est important, et il ne saurait être négligé, si ce n'est peut-être dans l'interprétation d'une série continue d'expériences comparatives prolongées pendant un temps considérable. Or, les auteurs du Mémoire, qui ont fait trente et une expériences successives sur l'un des deux bassins qu'ils comparent, n'en ont fait que trois sur l'autre bassin ; et il est à craindre que ces trois expériences, qui n'embrassent qu'une durée de vingt-sept jours seulement, tandis que les trente et une autres comprennent un intervalle de plus d'une année, ne soient insuffisantes pour mettre à l'abri de toute critique à cet égard les conclusions du Mémoire.

» En ce qui touche à l'influence du volume et de la durée de l'écoulement, le théorème posé par les auteurs est vrai sans doute, mais nous pensons qu'il n'a pas, dans la formule générale qu'ils lui donnent, le caractère de vérité absolue que le Mémoire lui attribue. En effet, le danger des crues est avant tout dans leur hauteur, et leur hauteur n'est pas nécessairement proportionnelle à leur volume ; elle dépend principalement de la vitesse originelle du premier afflux de l'écoulement, et non de sa durée totale. Si l'on compare deux crues dont l'écoulement total, depuis le premier gonflement des eaux, soit de la même durée, il pourra se faire que la crue qui correspond au moindre volume d'eau atteigne la plus grande hauteur, parce que sa marche ascensionnelle aura été plus rapide. Il faut donc tenir compte du volume et de la durée de l'écoulement, non-seulement dans leur ensemble, mais aussi dans leurs détails ; et ce n'est pas sans raison que les partisans du système opposé aux conclusions du Mémoire pourront reprocher à MM. Jeandel, Cantegril et Bellaud, d'avoir imparfaitement mesuré les actions inondantes des deux bassins, en les comparant d'après les seuls indices fournis par le volume total des crues et par la durée totale de leur écoulement

» Ces réserves faites sur la théorie fondamentale des expériences mentionnées au Mémoire, passons à l'examen comparatif des deux bassins choisis pour ces expériences.

» Le bassin de la Zorn a une superficie de 4,222 hectares ; celui de la Bièvre n'en contient que 978, c'est-à-dire qu'il n'a pas tout-à-fait le quart de la surface du premier.

» Cette disproportion entre l'étendue des deux bassins est une circonstance qui nous paraît défavorable pour la comparaison de leur action inondante. Étant donnée la formule du Mémoire, il est aisé d'en déduire que, pour deux bassins d'inégale étendue, mais constitués à tous autres égards d'une manière identique, les coefficients d'action inondante $\frac{V'}{V} \times \frac{T}{T'}$, et $\frac{V''}{V} \times \frac{T}{T''}$ doivent varier pour des pluies de même durée et de même intensité. La raison en est que les coefficients d'écoulement $\frac{V'}{V}$ et $\frac{V''}{V}$ resteront les mêmes, tandis que les durées d'écoulement T′ et T″ seront proportionnelles à la longueur des bassins. En sorte que, toutes autres choses étant égales d'ailleurs, l'expression de l'action inondante sera plus faible pour le grand bassin que pour le petit (1).

» Le grand bassin des expériences du Mémoire est le bassin boisé ; l'autre est déboisé, mais en partie seulement : plus de la moitié de la surface est encore couverte de bois ;

----

(1) Nous avons omis de signaler dans le Mémoire un fait très-important, c'est que l'ensemble des bassins étudiés présente des versants d'une largeur sensiblement égale.

Cette omission de notre part étant réparée, il semble possible de démontrer que, pour établir une comparaison fondée et rationnelle entre deux bassins, de contenances égales ou inégales, présentant les mêmes pentes, la même nature de terrain, etc., et différant par l'état de la végétation, il faut et il suffit que la largeur des versants soit la même.

1° La condition est nécessaire :

Il est évident que si la largeur des versants varie, les pentes restant les mêmes, la distance moyenne à parcourir par les eaux avant l'arrivée dans les voies d'écoulement, varie dans le même rapport, les temps T′ et T″ seront ainsi proportionnels à la largeur des versants. D'un autre côté, si la largeur d'un versant perméable augmente, l'eau, dont le volume augmente proportionnellement à la nouvelle étendue, coule plus longtemps à la surface d'un terrain perméable ; il est donc probable que l'absorption variant, l'écoulement superficiel varie en sens inverse, et rien ne prouve que les rapports $\dfrac{V′}{V}$ et $\dfrac{V″}{V}$ conservent la même valeur relative.

Il en résulte que la variation des quantités V′, T′, V″ et T″ ne représente plus uniquement l'influence du genre de végétation, c'est-à-dire que ces quantités ne sont plus comparables.

2° La condition est suffisante :

La largeur des versants restant la même, et les pentes étant supposées égales, la seule différence que présentent deux bassins d'inégales contenances, le reste se compose de friches, de pâturages, de prés et de terres arables. Le Mémoire ne dit pas dans quelles proportions ; mais il est présumable que les terres arables n'occupent qu'une minime partie du bassin.

» Or, il eût été désirable, suivant nous, d'opposer un bassin arable à un bassin boisé, car l'intérêt était surtout de faire ressortir l'influence produite sur les inondations par le labourage du sol. Les friches, les pâturages, les prés ne pa-

---

l'un boisé, l'autre déboisé, consiste dans la distance à parcourir dans les voies d'écoulement et en amont des déversoirs ; mais si dans le plus grand parcours, l'arrivée des eaux au déversoir se trouve retardée d'un certain délai, la durée de l'écoulement se trouve prolongée d'un délai sensiblement égal. Par conséquent, les rapports $\frac{T}{T'}$ et $\frac{T}{T''}$ ne changent pas. Quant aux rapports $\frac{V'}{V}$ et $\frac{V''}{V}$, leur valeur ne change pas non plus, si l'on fait abstraction des causes d'erreur qui peuvent résulter d'infiltrations souterraines parvenant dans la voie d'écoulement en amont du déversoir : de là une objection importante. Cette objection, que nous avions prévue, se trouve résolue dans le cas particulier : en effet, notre bassin boisé est celui qui présente le parcours le plus grand dans les voies d'écoulement. Il en résulte que l'augmentation d'eau courante dérivant d'infiltrations souterraines est supérieure dans le bassin boisé ; cette circonstance nous a fait mesurer au déversoir de ce bassin un écoulement superficiel trop considérable, et, par suite, elle ne fait que confirmer nos conclusions.

On pourrait peut-être tirer une objection de l'existence du cours d'eau souterrain et parallèle à toute voie d'écoulement ; mais, quel que soit le volume des eaux qui s'écoulent ainsi, il ne saurait exercer aucune influence sensible sur les éléments de la question, parce que sa vitesse est minime. La dépense du cours d'eau souterrain, par rapport à celle de la voie d'écoulement, n'est qu'un infiniment petit, quelles que soient d'ailleurs les modifications apportées par la pluie à son régime.

raissent pas devoir offrir à l'écoulement superficiel des eaux de pluie, des conditions fort dissemblables de celles qui se rencontrent dans les forêts (1), et nous regrettons que les deux bassins choisis pour les expériences n'aient pas présenté des différences de culture plus nettement tranchées.

» Si maintenant nous examinons les procédés d'expérimentation employés par les auteurs du Mémoire, et la marche suivie par eux pour interpréter les expériences et en évaluer les résultats, nous croyons qu'ils n'ont pas toujours opéré avec le degré d'exactitude nécessaire pour relever et apprécier des données aussi délicates.

» C'est ainsi que les discordances que présentent, sous le rapport des temps et des volumes, les observations pluviométriques faites dans le grand bassin semblent prouver que les trois seuls pluviomètres employés à ces observations étaient insuffisants pour permettre une évaluation exacte de la quantité et de la durée des pluies. Il nous a paru que souvent les auteurs du Mémoire avaient été arrêtés par cette incertitude de leurs observations, et qu'ils avaient dû y sup-

---

(1) Nous croyons devoir déclarer que nous ne pouvons partager la responsabilité de cette appréciation, laquelle se trouve aussi dans les *Nouvelles études sur les inondations* que M. Valès a présentées à l'Académie des sciences en février 1861. Lors de l'aménagement de la grande forêt de Dabo, les données que nous avons dû recueillir au moment de la description des parcelles, nous ont permis de reconnaître que, dans les endroits simplement clairiérés, le durcissement du sol (grès vosgien) à la surface, la rareté du couvert et la rareté des feuilles modifient singulièrement les conditions hydrologiques. Les résultats obtenus dans le bassin déboisé ne nous ont point paru extraordinaires : à notre avis, les terrains fortement gazonnés, tels que les prés (surtout aux approches de la fenaison), nous paraissent seuls susceptibles de quelque assimilation avec les forêts au point de vue hydrologique.

pléer d'une manière quelque peu arbitraire. Remarquons d'ailleurs que les altitudes des trois stations pluviométriques étaient très-différentes, 400, 500 et 889 mètres, et que, par conséquent, les auteurs du Mémoire, en prenant la moyenne des observations faites à ces trois stations et en l'appliquant à l'ensemble du bassin, ont commis très-probablement des erreurs considérables dans le compte-rendu des faits relatifs à chaque expérience. La moyenne ne saurait être, en pareilles circonstances, une représentation fidèle des faits, et nous doutons qu'ici la répétition des expériences la rectifie en compensant les erreurs les unes par les autres.

» Nous n'avons pas pu, à défaut de plan coté, nous rendre un compte exact de la position des déversoirs, ni par conséquent nous faire une opinion sur la valeur des différents jaugeages des débits d'écoulement. Cette opération, pour être précise et donner des indications utiles, demande à être faite au pied même des versants soumis à l'expérience et dans leur émissaire immédiat. Plus loin, cette détermination des volumes et des hauteurs se compliquerait des effets de l'écoulement ultérieur dans la partie du cours d'eau comprise entre le pied des versants et la station d'observation.

» D'autre part, on doit avoir égard, dans cette détermination, à la considération suivante : d'ordinaire, en l'absence des pluies, la hauteur des eaux d'une rivière s'abaisse d'une manière à peu près continue. Si une pluie survient après cette période de sécheresse, la hauteur de la rivière s'élevera, et il arrivera souvent, quand le niveau sera devenu stationnaire, après le passage des eaux torrentielles, qu'il se trouvera supérieur à sa cote primitive. Cette mobilité du niveau, dit permanent, rend fort délicate l'opération du jaugeage de l'écoulement des eaux par les déversoirs.

» Quoi qu'il en soit, nous aurions désiré, comme nous

l'avons dit plus haut, que les observations des hauteurs d'eau sur les déversoirs, observations qui n'ont pas en général dépassé le nombre de deux par jour (1), faites à des heures à peu près fixes, eussent été effectuées à des intervalles plus rapprochés, et qu'elles eussent donné avec certitude la constatation du moment précis des hauteurs maxima. Les relevés, à notre avis, ont été trop rares pour permettre d'étudier, dans leur détail, comme il eût été nécessaire, les faits successifs d'écoulement.

» En résumé, les conclusions du Mémoire de MM. Jeandel, Cantegril et Bellaud ne nous paraissent pas suffisamment justifiées, parce que leur théorie n'est pas d'une vérité absolue, parce que leur champ d'expérience était peu favorable, que leurs procédés d'observation n'ont pas eu toute la précision nécessaire, et que leurs expériences n'ont été ni assez nombreuses, ni assez suivies. Mais, après avoir signalé les imperfections de leurs *études expérimentales*, nous nous plaisons à reconnaître que ce travail mérite, non-seulement des encouragements, mais des éloges. Les auteurs sont entrés dans une bonne voie ; ils ne l'ont pas, sans doute, complétement frayée et ne l'ont pas tracée jusqu'au bout ; mais d'autres explorateurs viendront, qui y suivront leurs pas , et

---

(1) Il était recommandé d'une manière générale de multiplier les observations faites au déversoir dans les temps de pluie ; pendant la période de comparaison, on a effectué dans le bassin déboisé, et durant un jour de pluie, jusqu'à cinq relevés. Dans le bassin boisé lui-même, où l'écoulement se manifestait d'une manière moins saccadée, on a fait jusqu'à trois et quatre observations par jour en temps de pluie. Parfois, on se contentait d'un seul relevé quotidien pendant une période de beau temps et lorsque l'étiage accusait la même cote que celle des jours précédents.

s'y engageront plus avant. C'est ainsi, c'est par des expériences analogues à celles que nous venons de discuter brièvement, qu'on parviendra à recueillir les renseignements indispensables pour connaître la marche des écoulements, et pour résoudre, en la réglant, le grand problème de l'aménagement des eaux. MM. Jeandel, Cantegril et Bellaud ont donné un utile exemple : nous proposons à l'Académie de leur adresser des remercîments pour leur intéressante communication. » (Les conclusions du rapport sont adoptées à l'unanimité.)

APPENDICE.

Note 1. — Il est bien entendu que notre travail n'engage que notre responsabilité personnelle : si l'on y découvre des erreurs numériques, nous demandons, dans l'intérêt de la recherche d'une bonne solution, que l'on veuille bien nous les signaler.

Nous avons eu occasion de faire connaître, par une note insérée dans les *Annales forestières*, que nos Études expérimentales ne constituent point les premières recherches effectuées dans le but de résoudre le problème des inondations ; nous avons rappelé que, dès 1850, M. Belgrand, ingénieur en chef des ponts et chaussées, a pratiqué des expériences directes sur la vallée du Cousin et la petite vallée de la Grenetière.

Il est sans doute inutile, après l'exposé de la critique profonde, que nous devons à la bienveillance si éclairée de S. E. M. le maréchal Vaillant, de faire remarquer que les deux travaux diffèrent, d'une manière radicale, tant par la méthode que par les résultats.

La conclusion de M. Belgrand consiste dans l'affirmation de l'inefficacité des forêts feuillues pour atténuer les inondations ; son travail est inséré dans les *Annales des Ponts et Chaussées*, année 1854. Nous engageons vivement nos lecteurs à en prendre connaissance : un examen attentif nous paraît mettre en évidence les circonstances qui ont conduit l'auteur à des conjectures aussi absolues. Tout en protestant de notre profond respect pour le talent de M. Belgrand, nous croyons devoir, dans l'intérêt d'une bonne solution, appeler l'attention sur la concordance du temps où se produit le maximum des hauteurs dans les deux ruisseaux de la Grenetière et du Cousin ; la vallée du Cousin comprend 36,000 hectares, celle de la Grenetière comprend 350 hectares seulement ; cette dernière est entièrement boisée, l'autre est boisée au tiers. D'après les courbes qui accompagnent le travail, le maximum de hauteur se produit à la même époque sur les deux cours d'eau. L'auteur ne s'explique point sur la durée, le volume, etc., des pluies tombant sur chacun des deux bassins, à moins qu'il ne rapporte ces indications aux résultats fournis par un pluviomètre unique, installé à Avallon. Les heures du commencement et de la fin de la pluie ne sont point indiquées pour chacun des deux bassins. En admettant le fait de concordance, tel qu'il est relaté, il faudrait, pour lui attribuer une valeur concluante, que ces heures fussent les mêmes.

M. Belgrand n'effectue de jaugeages complets et suivis que sur la petite vallée boisée. Les chiffres fournis par l'auteur, établissent que le débit, dans la période d'été, est beaucoup plus faible que dans la période d'hiver ou d'inondation ; les rapports qui relient le volume des débits à celui des pluies dans l'une et l'autre saison, se trouvent indiqués et calculés avec soin. (Les inondations de 1856 n'ont point concordé entièrement avec les faits antérieurs, qui avaient déterminé la formation de ces deux périodes.) Après avoir fait remarquer que le régime de la Grenetière, ainsi étudié, est analogue à celui de nos grandes rivières, l'auteur arrive à la conclusion que nous avons indiquée plus haut. Les comparaisons, sur lesquelles s'appuie cette conclusion, nous semblent trop larges pour autoriser l'affirmation même d'une simple probabilité : l'efficacité des forêts, pour atténuer les inondations, n'exige point, comme conséquence et comme vérification, un bouleversement dans le régime des eaux. Le rapport de S. E. M. le Maréchal Vaillant a reconnu qu'en général et sauf certaines circonstances dépendantes de la vitesse originelle du premier afflux de l'écoulement, le théorème que nous avons posé au sujet de l'action inondante est fondé : il suffit donc que l'influence de la forêt produise une modification bien moins radicale, il suffit, par exemple, que l'influence de la forêt double la durée de l'écoulement dit *rapide*, pour supprimer la moitié du danger. Or, une telle prolongation peut exiger quelques jours seulement : un tel délai n'est point apprécié dans des spéculations et des comparaisons beaucoup trop vagues.

Note 2. — Nous publions ci-après l'exposé d'observations expérimentales qu'un concours de circonstances d'autant plus favorable qu'il est très-rare, a permis de recueillir, à M. Cantegril, alors en résidence dans le département du Tarn. Cette note a été publiée dans l'*Ami des sciences*, sous le pseudonyme J. Forster.

I.

Sur le territoire de la commune de Labrugnière (Tarn) se trouve une forêt de 1,834 hectares, connue sous le nom de forêt de Montant et appartenant à la commune précitée. Elle s'étend vers le versant septentrional de la Montagne-Noire. Le sol est granitique. L'altitude maxima est de 1,245 mètres au-dessus du niveau de la mer, et l'inclinaison varie de 15 à 60 pour 100.

Un petit cours d'eau, portant le nom de ruisseau de Caunan, prend sa source dans cette forêt et reçoit les eaux des deux tiers de la surface. A l'issue de la forêt, et sur ce cours d'eau, se trouvent plusieurs usines à fouler les draps, appartenant à MM. Bru, Fabre, Chabbert, etc. Ces usines exigent chacune une force de huit chevaux-vapeur en moyenne, et sont mues à l'aide de cammes qui font manœuvrer quatre paires de pilons, ou marteaux en bois, dans des compartiments désignés dans la localité sous le nom d'*auges*.

La commune de Labrugnière s'était longtemps fait remarquer par son opposition au régime forestier. Les abus du pâturage et la cognée avaient converti la forêt en un immense vacant, et les choses étaient arrivées à un point tel que, vers l'année 1840, les produits de cette vaste propriété subvenaient à peine au payement des frais de garde et d'impôt, et à la fourniture aux habitants d'un affouage plus qu'exigu.

Pendant que la forêt était ainsi ruinée et que le sol était dénudé, immédiatement après chaque pluie abondante, l'eau faisait irruption dans la vallée, entraînant une grande quantité de galets, dont les débris encombrent encore le lit du ruisseau de Caunan. La violence des eaux était même quelquefois telle qu'on était contraint d'arrêter les machines pendant un certain temps. Durant l'été, un autre inconvénient se produisait. Pour peu que la sécheresse se prolongeât, le débit du cours d'eau devenait insignifiant ; les usines ne pouvaient utiliser le plus souvent que le travail d'une auge, et il n'était pas rare même de les voir réduites à chômer complétement.

A partir de 1840, l'autorité municipale, dont on ne saurait trop louer le zèle en cette circonstance, parvint à éclairer les populations sur leurs véritables intérêts. Protégée par une meilleure surveillance, améliorée par des travaux de repeuplement bien conduits, la forêt n'a pas cessé de progresser jusqu'à ce jour. Bien qu'elle renferme encore une assez grande quantité de vides (150 hectares environ), elle donne déjà de très-beaux produits à la commune, qui se trouve aujourd'hui la plus riche des communes rurales du département.

A mesure que le peuplement s'est reformé, l'état précaire dans lequel se trouvaient les usines précitées a disparu, et le cours d'eau a subi, dans son régime, les plus heureuses modifications. Ainsi, on ne voit plus ces crues subites et violentes qui forçaient à arrêter les machines. Le débit ne commence à augmenter que six ou huit heures seulement après le commencemeut de la pluie ; les crues suivent une progression assez régulière pour arriver à leur maximum, et il en est de même dans la période décroissante. Enfin, circonstance qui a surtout vivement frappé les usiniers, il arrive qu'en été les usines ne sont plus réduites à chômer pendant un temps plus ou moins long ; elles marchent régulièrement avec deux auges, et souvent même avec trois.

Cet exemple est remarquable en ce sens que, toutes les autres circonstances étant restées les mêmes, on ne peut attribuer qu'au reboisement les changements survenus dans le régime du cours d'eau, changements qui peuvent se résumer en deux mots : atténuation de la crue au moment des pluies, augmentation du débit en temps ordinaire.

Si actuellement on veut bien se reporter à la question des inondations, on comprendra, d'après l'exemple qui précède, le rôle capital que sont appelées à jouer les montagnes couvertes de forêts. En retardant l'écoulement d'une partie des eaux au moment des pluies, elles diminuent les chances d'inondation. En augmentant le débit des cours d'eau en temps ordinaires, elles peuvent rendre de grands services, au point de vue de l'agriculture et de l'industrie. A ces avantages, déjà si précieux, il faut ajouter encore celui d'un accroissement notable de productiou et de combustible.

II.

L'expérience que je viens de rapporter servira, en outre, à mettre en évidence une erreur généralement commise par les adversaires du reboisement des montagnes.

De célèbres voyageurs, parmi lesquels il me suffira de citer MM. de Humboldt, Boussingault, Becquerel, ont reconnu, tant en Europe qu'en Asie et en Amérique, que, partout où on a opéré les défrichements sur une grande échelle, le volume des eaux courantes a diminué; que ce volume a augmenté avec le reboisement; enfin, qu'il n'a pas varié lorsqu'on n'a pas touché aux forêts.

S'emparant de ce fait, les adversaires du reboisement concluent que l'écoulement superficiel doit être plus considérable dans les terrains boisés que dans les terrains déboisés, et sont naturellement conduits à avancer cette proposition : que les forêts, au point de vue des inondations, au lieu de diminuer le danger, ne font que l'accroître.

Il faut convenir qu'au premier abord, ce raisonnement paraît rigoureux. Mais si l'on consulte les ouvrages des illustres observateurs qui ont constaté le phénomène dont il s'agit, on ne tarde pas à reconnaître qu'ils se sont bornés à constater le fait brut, et qu'ils n'ont entendu parler que du débit *ordinaire* des eaux courantes. Nulle part, ils ne font allusion à ce qui se produit au moment d'une pluie. Cela se comprend; la question des inondations n'était pas l'objet des occupations de ces savants qui ne faisaient porter leurs études que sur l'hydrologie générale des pays qu'ils visitaient. Quoi qu'il en soit , c'est sur ce fait que les adversaires du reboisement des montagnes ont principalemeut basé leur théorie.

L'expérience que j'ai citée du ruisseau de Caunan démontre qu'il peut très-bien arriver que le débit *ordinaire* d'un cours d'eau augmente , sans que ce cours d'eau doive inspirer plus de craintes au point de vue des inondations , et même en diminue le danger. Elle prouve , en outre , par les retards prolongés qu'éprouvent les eaux pluviales en se rendant dans le thalweg , que l'écoulement superficiel a été beaucoup plus faible lorsque la surface du bassin a été couverte de bois que lorsqu'elle était dénudée.

Il est , du reste , facile de se convaincre , même à *priori* , que la proposition avancée par les adversaires du reboisement n'est pas une conséquence inévitable du fait observé. Soit deux bassins identiques , sous tous les rapports , et recevant tous deux la même quantité de pluie dans le même temps. Admettons que , par suite d'une circonstance quelconque , la totalité des eaux pluviales , tombant dans l'un des bassins , mette , par exemple , vingt-quatre heures pour s'écouler dans le thalweg ; tandis que celles reçues par l'autre mettent huit jours. Dans le premier cas , le cours d'eau récipient du bassin , après avoir débité toute l'eau tombée , demeurera à sec ; dans le second cas , au contraire , le cours d'eau débitera un certain volume pendant huit jours. Et si , pendant ce délai , un observateur survient , à moins qu'il n'arrive juste au moment de la pluie , il ne manquera pas de déclarer , sans trouver de contradicteurs , que le volume des eaux courantes est plus considérable dans le second cours d'eau que dans le premier. Sera-t-on pour cela en droit de conclure que ce dernier est plus dangereux que l'autre au point de vue des

11

inondations ? ou bien que l'écoulement superficiel du second bassin est plus considérable que celui du premier ?

Cette hypothèse, qui n'est pas aussi gratuite qu'on pourrait le croire, suffit pour démontrer combien on est exposé à s'égarer lorsque, partant d'un fait d'observation, et sans l'étudier sous toutes ses faces, ou se hâte d'en tirer des conclusions dans un ordre d'idées autre que celui auquel se rapporte le phénomène observé. Ce n'est donc pas sans raison que je terminerai, en assurant que l'*expérience directe* seule fournira les moyens d'arriver à la solution de l'importante question qui s'agite.

(Extrait de *l'Ami des sciences*.)

TABLE DES MATIÈRES

Saint-Nicolas, près Nancy. — Imp. de P. Trenel.

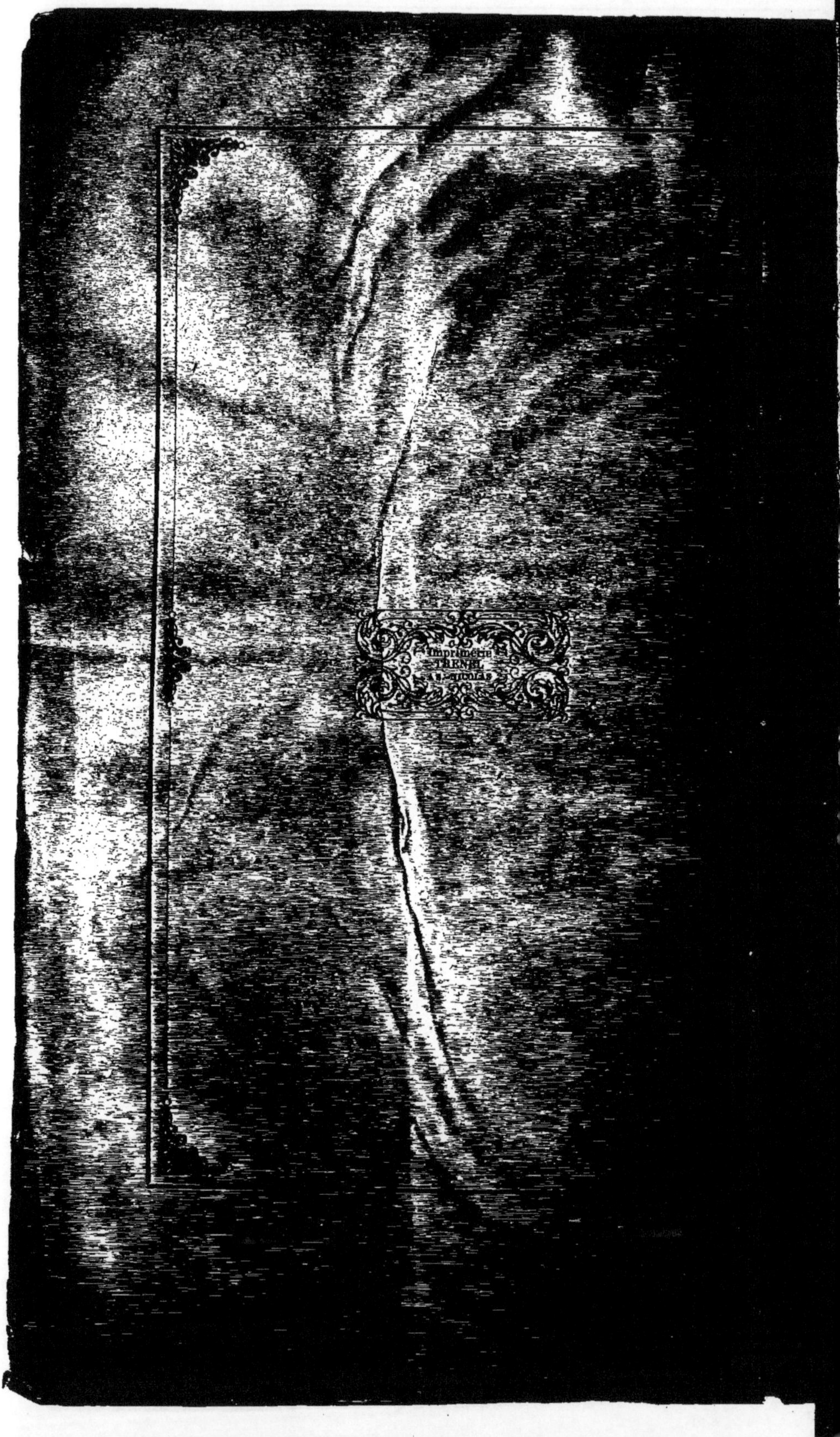